牦牛肉加工原理与新技术

李升升　著

中国农业大学出版社
·北京·

内 容 简 介

本书分 8 章,分别介绍了牦牛的起源、分布及生存条件,牦牛的屠宰与分割,牦牛肉品质特性,牦牛肉肉色、保水性、嫩度等品质形成机理,热鲜、冷鲜、冷冻牦牛肉的储藏保鲜,牦牛肉的嫩化、熟制等加工共性关键技术,牦牛肉干、风干牦牛肉、卤制牦牛肉、重组牦牛肉、发酵牦牛肉、牦牛肉松、手撕牦牛肉、牦牛肉罐头、牦牛肉灌肠等牦牛肉制品的加工,牦牛肉的加工现状、存在问题及对策等内容。本书旨在博采众长,从牦牛肉品质形成、加工原理和加工技术几个重要方面阐述当前牦牛肉加工技术的研究现状,为后续研究提供借鉴和参考。

图书在版编目(CIP)数据

牦牛肉加工原理与新技术/李升升著. —北京:中国农业大学出版社,2021.9
ISBN 978-7-5655-2623-7

Ⅰ.①牦… Ⅱ.①李… Ⅲ.①牦牛-肉制品-食品加工 Ⅳ.①TS251.5

中国版本图书馆 CIP 数据核字(2021)第 193312 号

书　　名	牦牛肉加工原理与新技术			
作　　者	李升升　著			
策划编辑	王笃利　张　玉		责任编辑	张　玉　程书萍
封面设计	郑　川			
出版发行	中国农业大学出版社			
社　　址	北京市海淀区圆明园西路 2 号		邮政编码	100193
电　　话	发行部 010-62733489,1190		读者服务部	010-62732336
	编辑部 010-62732617,2618		出　版　部	010-62733440
网　　址	http://www.caupress.cn		E-mail	cbsszs@cau.edu.cn
经　　销	新华书店			
印　　刷	北京时代华都印刷有限公司			
版　　次	2021 年 10 月第 1 版　　2021 年 10 月第 1 次印刷			
规　　格	787×1092　16 开本　　12 印张　　220 千字			
定　　价	39.00 元			

图书如有质量问题本社发行部负责调换

序

牦牛（*Bos grunniens*）主要分布于青藏高原，是生存在海拔 3 000～5 000 m 的哺乳动物，在高海拔、低氧、冷季长的环境下，牦牛具有较强的适应性和抗逆性。据报道，全世界约有牦牛 1 600 万头，其中 95％都分布在我国的青藏高原及其毗邻区（青海、西藏、四川、甘肃、新疆、云南等地）。牦牛是适应青藏高原特殊生态环境下的优势畜种，为当地农牧民提供了肉、奶、毛、皮、绒、役力、燃料等生产生活的必需品，是当地农牧民赖以生存和发展的重要物质基础，是西部牧区特色优势产业发展的重点，也是青藏高原农牧民脱贫致富奔小康、实现乡村振兴的重要产业。从资源优势来看，牦牛产业是青藏高原的民生产业、优势产业。

近年来，国家和各地方政府高度重视牦牛产业的发展，其中青海省人民政府办公厅发布了《关于加快推进牦牛产业发展的实施意见》（青政办〔2018〕32号），并得到了农业农村部的支持，农业部（现为农业农村部）在《关于回复青海省加快牦牛产业发展的实施意见的函》（农牧函〔2018〕1号）中提到"符合青海省资源条件和发展需要，目标定位准确，措施具体可行。"从政策保障来看，牦牛产业是符合国家和地方产业发展的优势产业。

本书的编者在青藏高原从事畜产品加工研究工作十余年，是牦牛肉品资源开发利用的专业研究人员，先后承担和参与了国家重点研发计划、国家自然科学基金、国家科技成果转化、青海省重大科技专项、青海省重点研发与转化计划、青海省科技合作专项等有关牦牛肉研发的项目。本书从牦牛肉与普通牛肉不同的加工原理和工艺特点切入，对牦牛肉的品质特点、牦牛肉的加工利用具有较好的研究积累。

本书对牦牛生长的环境、牦牛的分布、牦牛肉的品质特点、牦牛肉的品质形成机理、牦牛肉的储藏保鲜、牦牛肉的加工关键共性技术、牦牛肉加工实例以及牦牛肉加工现状进行了深入的阐述和分析，为牦牛肉制品的精深加工和新产品开发提供了理论依据和技术支撑。希望该书的出版能够促进牦牛产业的发展，尤其是助力牦牛肉加工业的发展，助力青藏高原农牧民脱贫致富奔小康，促进青藏高原牧区的乡村振兴。

刘书杰

国家牦牛创新联盟副理事长

青海省牛产业科技创新平台首席科学家

青海省牦牛工程技术中心主任

青海省牦牛产业联盟理事长

青海省畜牧兽医科学院院长

前　言

    牦牛是生存在中国青藏高原及其毗邻的高山、亚高山地区的物种，因此牦牛肉是天然绿色食品，而且牦牛肉具有肉质鲜美、高蛋白、低脂肪的特点，使得牦牛肉极具开发价值。然而，由于牦牛主要采取放牧的饲养方式，使得牦牛的出栏时间较长，造成了牦牛肉"色泽深红、口感粗糙"的特点。而牦牛作为青藏高原的主要畜种，又是青藏高原畜牧业的支柱产业。为了更好地促进牦牛产业的发展，国家和各级地方政府也相继出台了一系列的政策文件。鉴于牦牛肉是牦牛的主要畜产品资源，国内外的专家学者对牦牛肉的品质形成和加工技术进行了大量的研究。为此，本书分八章分别介绍了牦牛的起源、分布及生存条件，牦牛的屠宰与分割，牦牛肉品质特性，牦牛肉品质形成机理，牦牛肉的储藏保鲜，牦牛肉加工的共性关键技术，牦牛肉的加工，牦牛肉的加工现状等内容。旨在博采众长，从牦牛肉品质形成和产品加工技术两个重要方面阐述当前牦牛肉品加工技术的研究进展，为后续研究提供借鉴。同时，助力"青海牦牛之都"的打造和"青海绿色有机农畜产品输出地"的建设。

    本书适合从事牦牛肉生产、加工、品质监测的从业者使用，同时，也可为从事牦牛繁殖育种、杂交改良、营养调控和疾病预防的研究人员提供参考。本书在前期撰写中查阅了国内外专家学者的研究报道，在此向各位专家表示感谢。本书在编写过程中得到了青海大学和青海省畜牧兽医科学院领导的大力支持和帮助，在此向各位领导表示感谢。本书在资料收集过程中得到了青海省牛产业科技创新平台、青海省牦牛产业联盟、青海省牦牛工程技术中心、青海省科技项目《基于多组学的牦牛肉嫩度形成机制研究》（编号：2020-ZJ-961Q）、《种间杂交牦牛肉乳特性及差异基因分析》（编号：2018-HZ-816）、《玉树生态畜牧业现代牧场建设关键技术集成示范》（编号：2019-NK-109）等项目的支持，在此向各位专家表示感谢。本书在撰写过程中还得到了中国农业科学院北京畜牧研究所孙宝忠研究员、谢鹏副研究员、张松山博士，中国农业科学院农产品加工所张德权研究员、张春晖研究员、李侠博士，南京农业大学彭增起教授、李春保教授，甘肃农业大学余群力教授、韩玲教授、张丽教授，山东农业大学张一敏教授，青海大学畜牧兽医科学院刘书杰研究员、李瑞哲博士等同行和同事的大力支持和帮助，在此一并致谢。同时，也向培养过我的河南科技大学、西北农林科技大学、甘肃农业大学、南京农业大学表示感谢。

然而，现在的科学技术发展日新月异，尤其是肉品科学和加工技术的发展更是层出不穷，因此，本书中有些观点和结论并不能完全阐释牦牛肉的品质形成机理和加工特点，希望有更多的学者能够完善和补充相关研究，为促进牦牛肉品科学和加工技术的发展提供技术支持和理论依据。

最后，鉴于作者水平有限，书中难免出现错误，恳请读者批评指正。

编　者

2021 年 6 月

目　录

第一章　牦牛起源、分布及生存条件概述

　　牦牛是青藏高原的特色物种,青藏高原的特殊气候、自然条件、草地类型等也显著影响着牦牛的性状和分布。本章将从牦牛的起源与历史、牦牛生存的自然条件、牦牛的分布和我国牦牛的主要饲养方式等方面进行阐述。

第一节　牦牛起源与历史

　　牦牛是属于动物界(Animalia)脊索动物门(Chordata)哺乳纲(Mammalia)偶蹄目(Artiodactyla)牛科(Bovidae)牛属(*Bos*)牦牛种(*B. grunniens*)的生物,从中可见,牦牛也是牛的一种,只不过因其独特的生存环境而造就了它的特殊性。历史文献资料和现代生物学分析技术为准确定位牦牛的起源和历史提供了基础材料和技术支持。

一、牦牛起源

　　牦牛是唯一能在青藏高原及其毗邻的高寒牧区繁衍的牛亚科动物,有"高原之舟"和"全能家畜"的美誉。牦牛起源于中国,是一种古老而原始的牛种。从我国内蒙古、华北等地,以及西伯利亚、阿拉斯加等地区发现的牦牛化石考证,不论现今分布在我国青藏高原昆仑山区的野牦牛,还是由野牦牛驯养而来的家牦牛,都是源于距今 300 多万年前(更新世)生存并广泛分布在欧亚大陆东北部的原始牦牛,后来,由于地壳运动、气候变迁,约 200 万年前原始牦牛南移至青藏高原地区,并适应高寒气候而得以延续至今。

　　牦牛的起源问题及牦牛在牛亚科中与其他物种的亲缘关系很难确定,一直存在争议,主要形成两种不同的观点:一种观点认为牦牛与牛属的亲缘关系比较近;另一种观点认为牦牛与野牛属的亲缘关系比较近。现代分子生物学研究表明,动物线粒体 DNA 因其进化速度快、在群体内变异大、分子结构简单等特点,已成为进行物种起源、分子进化和系统发育研究的重要分子标记。利用这一特点,最新研究结果发现,牦牛与野牛属亲缘关系较近,而与牛属的亲缘关系较远,并根据牛科动物已校正的 D-loop 区序列每百万年 10.6% 的分子钟,推测牦牛的分化时间大约

在 35 万年前。利用牛亚科物种线粒体 DNAD-loop 区全序列以及第一、第二高变区序列所构建的系统发育树显示,牦牛与野牦牛首先聚类,然后与美洲野牛聚类,接着再与普通牛和瘤牛组成的分支相聚类。这说明牦牛与美洲野牛的遗传相似性较高,亲缘关系较近,而与牛属间的亲缘关系较远。系统发育树发现牦牛与野牛属有最近的共同祖先,根据牛科动物已校正的 TSPY 基因的分子钟,估计牦牛与野牛属的分化时间在 1.16 MYA。根据 TSPY 及 DBY 基因序列比对及遗传距离的研究结果,发现牦牛与野牛属(包括美洲野牛和欧洲野牛)的遗传相似性较高、亲缘关系较近,而与牛属的遗传相似性较低、亲缘关系较远。这一研究结果解释了长期以来采用各种牛属培育品种进行牦牛改良而后代雄性不育的问题,解释了野牦牛复壮的理论依据,并预示了欧洲野牛和美洲野牛有可能成为牦牛改良的重要遗传资源。

二、牦牛驯养史

古羌人是东方大族,形成于青藏高原,在长期的历史发展中,青海羌人逐渐融合到汉、吐谷浑、吐蕃民族中去了,现在四川羌族是古代羌人的后代。古代羌人最大的文化成就,就是驯养野生动物为家畜。现在的家养牦牛就是由距今 5 000 多年前(龙山文化时期)我国古羌人捕获的野牦牛驯养而来的。

在距今 4 000～5 000 年前,古羌人以青海羌塘地区几百个盐湖为住地,创造了古羌文明。传说中的炎帝部落既是生活在青海高原古代先民羌人的祖先,又是华夏族的结合体。汉字中许多表示"好"和相当于这个意思的字和偏旁,如羊、祥、羹等都与羌人有关。《后汉书·西羌传》记载,羌人"畏秦之威,将其种人附落而南,出赐支河曲(今青海省海南州境内黄河段)西数千里,与群羌绝远,不复交通。其后子孙分别各自为种,任随所之,或为牦牛种,越嶲羌是也"。可见,古代羌人凭借自己的勤劳勇敢和聪慧朴实,对野生牦牛进行驯化,并且饲养改良,是难能可贵的。

《贵德县简志》记载,"野牛,青海较多,行则成群",又因河湟古羌人是最早居于本地的土著民族,因而驯养牦牛的重任已非他们莫属了。先秦文献中称牦牛为"犛",犛牛"一名毛犀,一名猫牛,一名麾,一名牦牛,一名竹车,一名犩"(《大通县志》第五卷)。《尚书·牧誓》中武王伐纣时就有关于牦牛的记载,同时武王的军队之中就有羌人部落,如"庸、蜀、羌、髳、微、卢、彭、濮",8 个部落联盟于牧野,而且《诗经·商颂》也说商王武丁之时,曾讨伐诸羌,"自彼氐羌,莫敢不来享,莫敢不来王。"可见诸羌与中原关系之密切,那么商朝时羌人的畜产品和加工的成品或作为商品或作为贡品输入到商王朝,也是有可能的。《尚书·牧誓》中记有:"王左杖黄钺,右秉白旄以麾。"其中的"旄"指的就是用牦牛的尾巴制作的拂子(周予同主编:《中国历史文选》),《后汉书》记载,"毛可为旄",《西宁府新志·畜牧志》亦云"犛牛

（尾巴可作缨）"，这种拂子即"缨"，汉文古籍称其为"氂""旄"，用于装饰车、马，或将它系在旗杆顶端，王右手拿着它以指挥诸侯，成为权利的象征。

三国时"牦"字通作"旄"，同样也是指牦牛尾做成的拂子，《三国志注》有"刘备性好结旄"，就是用拂子编成假发戴在头顶上。关于牛尾的考古资料则有："上孙家寨有墓葬在二层台南部两侧置有牛头、蹄、牛尾骨……有的墓中四牛蹄加以牛尾。"（青海省文物管理处考古队：《青海大通上孙家寨新石器时代和青铜时代墓地的发掘》，转引自冉光荣等著《羌族史》）。范晔《后汉书》指出："冉駹夷出旄牛，重千斤，毛可为旌，观此则牦牛之名盖取诸此。"《后汉书·西南夷列传》中说，汉代的羌人因其养牦牛而被称为牦牛羌，又因河湟羌人"至爰剑曾孙忍时，秦献公初立，欲复穆公之迹，兵临渭首，灭狄、戎……其后子孙分别各自为种，任随所之，或为牦牛种，越嶲羌是也"（《后汉书·西羌传》）。由此可推测从爰剑时代河湟羌人开始驯养或放牧牦牛了，并被其后代所继承和发扬，到了汉代以驯养牦牛而著称。

1959 年在青海省都兰县诺木洪塔里他里哈遗址的调查和试掘中，发现了一种新的文化遗存，被命名为"诺木洪"文化，其主要分布在青海西部柴达木盆地一带。诺木洪文化相当于中原地区青铜器时代晚期文化，距今 3 000 余年。在诺木洪塔里他里哈遗址中发现古代新、旧石器时期的人类社会遗址中，发现用牛皮制成的鞋和用牦牛毛纺成的毛线和毛绳以及毛带（其间夹有少量的牦牛毛），这些古物的发现，不仅反映了当时的古羌人已经能够驯养牦牛，而且还能够将牦牛皮和牦牛毛加工成生活用品。1983 年在湟源县大华卡约文化遗址中还出土了铜牦牛，从制作工艺上看，已是相当精美。先秦时期，河湟古羌人已经把野牦牛驯养成为乳、肉、役兼用的主要家畜之一，并且羌人将其作为商品或贡品被大量输入中原，供中原历代王朝使用，从而使其很早就记录于汉文文献之中。据史料记载，在公元 220—221 年，我国西北、西南的牧区已把牦牛作为主要家畜进行繁育和生产肉、乳、毛等产品，并远销到中原地区。

近年来，中国科学院西北高原生物研究所青藏高原生物进化与适应开放实验室，基于分子水平的研究进一步对牦牛起源和驯化的历史、考古学结论进行了验证。特别是用线粒体基因组对家、野牦牛起源、驯化等问题的研究表明，家牦牛的迁徙路线有两种可能，一是自青藏高原东部西经喜马拉雅和昆仑山到帕米尔山结地区，二是自青藏高原东部直接经蒙古的南戈壁和戈壁阿尔泰山到蒙古和俄罗斯等地。分子水平的研究认为青藏高原东部可能是牦牛的驯化点，其证据提示牦牛的驯化中心应该在野牦牛分布区的周边地带，青海是牦牛主要驯化地之一。

第二节　牦牛生存的自然条件

牦牛的分布区是由历史原因、生态条件和人类活动等复杂原因及其长期的演化而决定的。在诸多因素的综合影响下,我国现在的牦牛主要分布于青藏高原地区。

一、青藏高原的自然区域

青藏高原(Qinghai-Tibet plateau)是世界上面积最大、海拔最高、自然生态条件最复杂多样的高原,平均海拔高度 4 000 m 以上,境内面积占国土总面积的 1/4。它北接昆仑山、祁连山,南抵喜马拉雅山,西起帕米尔高原,东迄横断山脉,包括了中国青海省的全部、西藏自治区和新疆维吾尔自治区、甘肃省、四川省、云南省的部分地区。

二、青藏高原的气候特征

青藏高原处于我国西部地区,是世界上海拔最高的巨大构造地貌单元,其中包含了冰川、积雪以及草原等相关的自然现象。因其地貌隆起,对高原和周边地区的环境变化产生了很大的影响。青藏高原独特的地形以及其热力和动力的循环,使青藏高原地区形成了独有的天气气候系统。因青藏高原跨度大且地势高,气候环境的复杂导致了多种多样的气候类型产生。根据其大概的气候条件,可以总结为具有气温低、太阳辐射强、温度和降水量分布不均匀以及干湿季分明等特征。

(一)青藏高原的气候变化类型与特征

在地域特点上看,青藏高原的气温变化表现出西北高东南低的趋势,并存在着十分显著的高值区与低值区,其高值区处于青藏高原的柴达木盆地,低值区在青藏高原的东南地区。依据青藏高原往年的气温以及降水量变化情况,可以分析出青藏高原基本上是增温增湿的趋势。

(二)气候变化的季节性特点

根据相关的统计与分析,青藏高原四季平均气温都处于正值。春季的气温倾向率平均值是 0.271℃/10 年,夏季是 0.287℃/10 年,秋季是 0.345℃/10 年,冬季则是 0.457℃/10 年。从春季到冬季,青藏高原气温呈现出增长的趋势,这就代表了青藏高原气温变化幅度较小,冬季的时候最大。

就其地域特征而言,春、夏、秋的气温倾向率有十分显著的高值与低值中心,呈现出北高南低的趋势,而在冬季空间上是片状分布的,没有比较明显的高值中心,并且只有一个低值中心。在春季中有两个高值中心,分别处于新疆与青海接壤处的柴达木盆地,以及阿里山地的半荒漠及荒漠地带,这和青藏高原全年的情况相似。而在全年整体变化中,阿里山地域是高值区,在春季是高值中心,冬季则不存在显著高值中心。

四季中的低值中心分布也不一样,春季低值中心基本是处于高原的东南部,而夏季与秋季低值中心呈现一定的条状带,基本分布在青藏高原南部。冬季和春季位置相近,但略偏北方,并且低值中心面积在春季之下。值得注意的是,低值中心集中在高原南部,特别是在西南地方,其中包含了四川省西南部以及云南省西北部。在这些比较小的区域中,呈现出了较为平稳的变化趋势。

(三)气候变化类型

从青藏高原的四季变化情况看,在四个季节中的青藏高原整体体现为增温的趋势,其在四季变化中有暖湿型与暖干型2种。不过在每个季节中,暖干型与暖湿型面积和位置有差距。春季,青藏高原变得湿暖,其在高原的西部阿里山荒漠、半荒漠地区以及东部川北地方是暖干型,在夏季中暖干型地区面积有所增加。高原北部柴达木盆地荒漠区是暖干型,在川西北以及青南交汇分布。此外,云南和西藏的交接地方,昆仑山高寒地带也分布了暖干型。在秋季时,暖干型面积扩大,为四季中面积最大的季节。在西部,暖干型逐渐往中部以及西南部延伸,暖湿型与暖干型面积为1:1。而在冬季时是暖湿型,其主要分布在西藏东以及西藏东南部地区。

(四)青藏高原气候变化造成的影响

由青藏高原气候变暖导致的局域气候变化,引起了气候带的生态环境保护以及水资源安全等方面的问题,青藏高原在最近几年中出现了土壤裸露、沙化以及草地生产力降低等问题。因为气候逐渐变暖让冰川继续退缩、冻土增速融化。这不但会对水资源平衡与安全产生影响,而且还会导致重大的自然灾害,对农牧生产以及生命安全方面造成了很大的威胁。

温度是青藏高原植物生长的条件,在气候逐渐变化的形势下,高寒草原群落呈现了往南扩展的趋势。高寒草地植被覆盖率和生产范围逐渐下降,群落出现了变化,其中原植物群落优势群减少、草地沙漠化、草地退化加剧现象日益显著。在气候逐渐变化的形势下,草地退化趋势如果不能有效防治,草地变化情况就会发生不可逆的现象,草地生态系统存在着恶性循环,其中的风险也逐渐增加。在最近几年,气候逐渐变暖,青藏高原的冰川有了快速退缩的现象,其中以高原的东部以及南部地方冰川变化为主。

三、青藏高原的自然环境

自然环境主要从地形和气候两方面考虑。青藏高原是我国第三个地形阶梯，其海拔高度在 3 000 m 以上。这里温度低，气候寒冷，太阳辐射强，尤其是紫外线辐射高，风大、风多，植物生长期很短，土壤被强烈风化，且土层浅薄。在这种条件下生长的植物必定能适应这一恶劣的生态环境，蒿草等植物就具备这一能力。在青藏高原有大面积的以蒿草为主的草地，如西藏东部、青海东南部以及阿坝等比较湿润的地区。而构成这一草地的植物，除蒿草外，还有高禾草、苔草及杂类草等，蒿草高寒草甸草丛平均高度低于 20 cm，产草量较低，但地下部分生物量很高，而且植物地下部分根系纵横交错，密集成网，十分发达。这类草地由于温度低，故有机物质分解很慢，土壤有机质含量很高，但有效养分却很缺乏。青藏高原的这种高寒草甸由于草质柔软，营养丰富，适口性强，是优良的牧场。

第三节　牦牛的分布情况

牦牛因其独特的生理特性，主要分布于我国青藏高原及其沿线附近，据报道世界上牦牛的存栏量约为 1 600 万头，这些牦牛主要分布在海拔 3 000 m 以上的高山之上，本节将详细介绍牦牛在世界及中国的分布情况。

一、世界牦牛分布

牦牛是分布于青藏高原及其毗邻地区的牛种，由于体毛浓密，性喜寒而畏热。它对高海拔地带严寒、缺氧、缺草等恶劣条件有较好的适应能力，是唯一能够充分利用青藏高原草地资源进行动物性生产的优势畜种，可提供奶、肉、毛、绒、皮革、役力、燃料等生产、生活必需品，在高寒牧区具有不可替代的生态、社会、经济地位。

由于牦牛具有耐寒不耐热的特点，其分布总离不开高山高寒、低温低热的生态环境。古代，在亚洲的高原和山原地，包括喜马拉雅、帕米尔高原、昆仑山、天山和阿尔泰山脉地区，牦牛的分布极为广泛。但是后来受自然因素即气温冷热变迁和部族、民族迁移的人为因素的影响，现代牦牛主要分布在以青藏高原为中心，以阿尔泰山、昆仑山、祁连山、唐古拉山、冈底斯山、喜马拉雅山为骨架的中国西北、西南的高原地带；南部、西南部至印度、尼泊尔、不丹、缅甸等国的毗邻区域；西部、西北部至巴基斯坦、阿富汗、俄罗斯的接壤地带；北部到蒙古国的相连区域；东部为中国甘肃、四川两省。

　　到目前为止,世界上没有牦牛数量的准确统计数,根据资料概算,中国是牦牛主产国。国外的牦牛,主要分布在蒙古人民共和国的杭爱山、阿尔泰山和肯特山区;苏联的塔吉克斯坦、吉尔吉斯斯坦、布里亚特和阿尔泰山区等地;印度北部喜马拉雅山区和喜马拉雅山南坡高山区的尼泊尔、不丹等地区。此外,在阿富汗东北部兴都库什山脉高山区和巴基斯坦北部高山区也有少量分布。

　　牦牛主要分布在青藏高原及其毗邻高山地区,中国是世界第一牦牛拥有国,在中国现有牦牛 1 400 余万头,约占世界牦牛总数的 90% 以上。主要分布在喜马拉雅山、昆仑山、阿尔金山及祁连山所环绕的青藏高原上,即海拔 3 000 m 以上的西藏、青海、新疆、甘肃、四川、云南等省区。产区地势高峻,地形复杂,气候寒冷潮湿,空气稀薄。年平均气温均在 0℃ 以下,最低温度可达 −50℃;年温差和日温差极大,相对湿度 55% 以上,无霜期 90 d (5—8 月),牧草生长低矮,质地较差。内蒙古自治区的贺兰山区以及河北省北部山地草原和北京市西山地草原,也有少量饲养,其中河北和北京地区牦牛,是近年来从青海、甘肃引种试养而适应于该地自然生态环境的。

　　蒙古是世界第二牦牛拥有国,1978 年曾有牦牛 70.95 万头,占世界牦牛总数的 5% 左右。主要分布于与中国接壤的高海拔阿尔泰山脉及蒙古杭爱山脉地区;苏联 1981 年曾有牦牛 13.06 万头,占世界牦牛总数的 1%,主要分布于与中国接壤的帕米尔高原东部、天山山脉、阿尔泰山脉周围。1971 年苏联将帕米尔牦牛引入高加索山脉的草原地区饲养。尼泊尔有牦牛 9 万头,占世界牦牛总数的 0.6%,主要分布于与中国接壤的喜马拉雅山南麓,即该国北部高山区域。印度 1978 年曾有牦牛 2.5 万头,占世界牦牛总数的 0.2%,主要分布于与中国接壤的喜马拉雅山南坡山区。除此以外,与我国接壤的喜马拉雅山南麓的不丹、锡金、阿富汗、巴基斯坦等国家和地区,亦有少量牦牛分布,为 4 万~5 万头。

　　从以上牦牛分布地区可以看出,世界牦牛的分布是以中国青藏高原为中心,围绕喜马拉雅山、帕米尔、昆仑山、天山、阿尔泰等几大山脉向内外延伸的高山高原地区发展的。

二、中国牦牛分布

　　中国是世界牦牛的发源地,全世界 90% 的牦牛生活在中国青藏高原及毗邻的 6 个省区。其中青海约 490 万头,占全国牦牛总数的 38%,居全国第一;西藏约 390 万头,占 30%,居全国第二;四川约 310 万头,占 23%,居全国第三;甘肃约 88 万头,占 7%,居全国第四;新疆约 17 万头,占 1.3%,居全国第五;云南约 5 万头,占 0.4%,居全国第六。

第四节　牦牛的品种特征

　　根据牦牛分布地区的地理生态条件、草地类型、饲牧水平、选育程度以及体态结构、外貌特征、生产性能、利用方向等因素,中国牦牛分为 12 个优良地方(类群)品种和 2 个培育品种。各品种分布见表 1-1。其中青海高原牦牛、西藏高山牦牛、九龙牦牛、麦洼牦牛和天祝白牦牛 5 个品种被列入《中国牛品种志》。国外主要有蒙古牦牛、吉尔吉斯斯坦牦牛、俄罗斯牦牛、塔吉克牦牛、印度牦牛和尼泊尔牦牛等品种,青海拥有唯一 1 个牦牛培育品种:大通牦牛。

　　此外,近年来,随着各地方政府对牦牛遗传资源的重视,一些地方优良类群如环湖牦牛、雪多牦牛、金川牦牛、昌台牦牛、类乌齐牦牛等也得到了发掘和保护。还有在 2019 年育种成功的"阿什旦牦牛"新品种。

表 1-1　中国主要牦牛品种(类群)分布

省区	种群(品种)	主要产区	数量/万头	产地自然条件		年均温/℃	降水量/mm
				地形、草场、牧草	海拔/m		
青海	高原牦牛*	青南、青北高寒地区	280	高原;高山草甸;莎草科、禾本科草为主	3 700~4 000	-3.5	282~774
	大通牦牛	大通县西北地区,祁连山支脉达坂山南麓的宝库峡中	—	高山和亚高山的灌木草地草原,以高寒草甸和山地草甸为主	2 900~4 600	0.5	463.2~636.1
	阿什旦牦牛	大通县西北地区,祁连山支脉达坂山南麓的宝库峡中	—	高山和亚高山的灌木草地草原,以高寒草甸和山地草甸为主	2 900~4 600	0.5	463.2~636.1
西藏	西藏高山牦牛*	西藏东部高山深谷地区的高山草场,以嘉黎县牦牛为优良	290	高原、高山;高山灌丛及高山草甸,以杂类草为主	>4 000	0	694
	帕里牦牛	南部亚东县山原区	2.3	高原山地;高山草甸;以禾本科、莎草科草为主	4 300	0	410

续表 1-1

省区	种群（品种）	主要产区	数量/万头	产地自然条件		年均温/℃	降水量/mm
				地形、草场、牧草	海拔/m		
西藏	斯布牦牛	墨竹工卡县	0.3	高山草甸	3 700～4 200	5.5	450～500
	娘亚牦牛	嘉黎县	10.5	高寒草原	4 500	−0.9	649
四川	九龙牦牛*	甘孜藏族自治州九龙县及康定市南部沙德区	4.0	高山峡谷；高山灌丛及高山草甸；杂类草为主	＞3 000	8.9	903
	麦洼牦牛*	阿坝藏族自治州红原县北部及若尔盖县南部	161	丘状高原；高寒草甸、沼泽草场；禾本科、莎草科为主	3 400～3 600	1.1	753
	木里牦牛	木里藏族自治县	4.3	高寒灌丛草地	1 600～6 000	11	818
甘肃	天祝白牦牛*	天祝藏族自治县西大滩、永丰滩、阿沿沟草地	3.9	山原宽谷；亚高山草甸，阴坡灌丛；莎草科、禾本科草为主	2 100～4 800	0.5	300～416
	甘南牦牛	甘肃南部甘南藏族自治州高寒草地	15.6	丘原；高山亚高山草甸，禾本科、莎草科草为主	2 800～4 900	0.38	400～800
云南	中甸牦牛	香格里拉市	4.3	高山间丘原；高山灌丛及高山草甸；杂草类、禾本科草为主	3 200	5.4	600～800
新疆	巴州牦牛	天山中部山区	10.1	山地；亚高山草甸；以禾本科草为主	2 500	−4.5	279

注：* 列入《中国牛品种志》的地方品种。

一、青海高原牦牛

青海高原牦牛属肉用型牦牛地方品种，主产于青海高寒地区，大部分分布于玉树藏族自治州西部的杂多、治多、曲麻莱三县六个乡，果洛藏族自治州玛多县西部，海西蒙古族藏族自治州格尔木市的唐古拉山乡和天峻县木里镇、苏里乡以及海北藏族自治州祁连县野牛沟乡等地。

（一）体型外貌

图 1-1　青海高原牦牛

青海高原牦牛（图 1-1）外貌上多带有野牦牛的特征。毛色多为黑褐色，嘴唇、眼眶周围和背线处的短毛多为灰白色或污白色。头大，角粗，皮松厚，鬐甲高长宽，前肢短而端正，后肢呈刀状。体侧下部密生粗长毛，犹如穿着筒裙，尾短并着生蓬松长毛。公牦牛头粗重，呈长方形，颈短厚且深，睾丸较小接近腹部、不下垂；母牦牛头长，眼大而圆，额宽，有角，颈长而薄，乳房小、呈碗碟状，乳头短小，乳静脉不明显。

（二）品种性能

青海高原牦牛成年公牦牛体重（334.9±64.5）kg，体高（127.8±7.6）cm，体斜长（146.1±12.0）cm，胸围（180.0±12.5）cm，管围（21.7±3.6）cm；母牦牛体重（196.8±30.3）kg，体高（110.8±8.4）cm，体斜长（123.4±8.2）cm，胸围（150.6±8.5）cm，管围（16.5±2.2）cm。

公牦牛宰前活重（331.4±69.1）kg，胴体重（179.0±39.4）kg，屠宰率（54.0±2.1）%，净肉率 41.4%，骨肉比 3.27±0.5。

初产母牛日挤乳两次，平均日挤乳量 1.3 kg，150 d 挤乳量 195 kg；经产母牛日均挤乳 1.8 kg，150 d 挤乳量 270 kg。鲜乳中水分、乳蛋白、乳脂含量分别为（82.21±2.26）%、（5.51±0.39）%、（5.99±0.31）%。

年剪毛一次，成年公牦牛年平均产毛量 2 kg，粗毛和绒毛各占 72.8% 和 27.2%；成年母牦牛年平均产毛量 1 kg，粗毛和绒毛各占 54.9% 和 45.1%。

公牦牛 2 岁性成熟即可参加配种，4～6 岁配种能力最强，以后逐渐减弱。公、母牦牛利用年龄在 10 岁左右。母牦牛一般在 2～3.5 岁开始发情配种，一年一产者占 60% 以上，两年一产者约 30%。母牦牛季节性发情，一般 6 月中下旬开始发情，7—8 月份为盛期。每年 4—7 月份产犊。发情周期 21 d 左右，个体间差异大；发情持续期 41～51 h，妊娠期 250～260 d。

（三）品种评价

青海高原牦牛 1988 年收录于《中国牛品种志》，2000 年列入《国家畜禽品种资源保护名录》，2006 年列入《国家畜禽遗传资源保护名录》。青海高原牦牛是我国分布面广、数量多、质量好的牦牛地方品种，其对高寒严酷的青海高原生态条件具有很强的适应能力。但是，由于经营方式和饲养管理粗放，畜群饲养周期长、周转慢，产品率和经济效益都比较低。今后应加强本品种选育，实行科学养育，制定区域规划，加强科学研究工作。

二、西藏高山牦牛

西藏高山牦牛属乳肉役兼用型地方牦牛品种，主要分布于西藏自治区东部高山深谷地区的高山草场，海拔 4 000 m 以上的高寒湿润草场上也有分布。

（一）体型外貌

西藏高山牦牛（图 1-2）具有野牦牛的体型外貌。头较粗重，额宽平，面稍凹，眼圆有神，嘴方大，唇薄，绝大多数有角，草原型牦牛为抱头角，山地型牦牛则角向外、向上开张，角间距大，母牦牛角较细。公、母均无肉垂，前胸开阔，胸深，肋开张，背腰平直，腹大而不下垂，尻部较窄、倾斜。尾根低，尾短。四肢强健有力，蹄小而圆，蹄叉紧，蹄质坚实，肢势端正。前胸、臀部、胸腹体侧着生长毛及地，尾毛丛生帚状。

图 1-2　西藏高山牦牛

公牦牛鬐甲高而丰满，略显肩峰，雄性特征明显，颈厚粗短；母牦牛头、颈较清秀。西藏高山牦牛毛色较杂，以全身黑毛者居多，60％左右，面部白、头白、躯体黑毛者次之，30％左右，其他灰、青、褐、全白等毛色者占 10％左右。

（二）品种性能

西藏高山牦牛成年公牛的体高、体斜长、胸围、管围和体重分别为：124.7 cm，142.6 cm，168.2 cm，19.4 cm，299.8 kg，成年母牛分别为：106.0 cm，125.6 cm，149.7 cm，15.7 cm，196.9 kg。屠宰率公牛 50.4％，母牛 50.8％；净肉率公牛 45％，母牛 41％。母牛挤乳期 150 d 左右，挤乳量 138～230 kg。在嘉黎县测定，8、

9、10、11 月份所产乳的乳脂率分别为：5.8%，6.6%，6.8%，7.5%。

每年 6—7 月份剪毛一次（带犊后期母牦牛，只抓绒不剪毛），尾毛两年剪一次。公牦牛、母牦牛、阉牦牛的产毛量分别为 1.8 kg、0.5 kg 和 1.7 kg。绒毛的比例为 1∶（1～2）。平均产绒 0.5 kg。

西藏高山牦牛晚熟，大部分母牦牛在 3.5 岁初配，4.5 岁初产。公牦牛 3.5 岁初配，以 4.5～6.5 岁的配种效率最高。母牦牛季节性发情明显，7—10 月份为发情季节，7 月底至 9 月初为旺季。发情周期 18 d 左右，发情持续时间 16～56 h，平均 32 h。妊娠期 250～260 d。母牦牛两年一产，繁殖成活率平均为 48.2%。初生重公牦犊 13.7 kg，母牦犊 12.8 kg。

（三）品种评价

西藏高山牦牛 1988 年收录于《中国牛品种志》。西藏高山牦牛数量多、分布广、适应性强，是当地人民生产、生活不可或缺的重要畜种，其能适应产区生境并能满足人民生活与发展生产的需要。今后应大力发展西藏牦牛业，建立西藏高山牦牛繁育场，有组织地开展群众性的本品种选育，以提高其生产性能。

三、帕里牦牛

帕里牦牛属乳肉役兼用型地方牦牛品种，主产区位于西藏自治区日喀则的亚东县帕里镇海拔 2 900～4 900 m 的高寒草甸草场、亚高山（林间）草场、沼泽草甸草场、山地灌丛草场和极高山风化砂砾地。

（一）体型外貌

帕里牦牛（图 1-3）以黑色为主，深灰、黄褐、花斑也常见，还有少数为纯白个体。头宽，额平，颜面稍下凹。眼圆大、有神，鼻翼薄，耳较大。角从基部向外、向上伸张，角尖向内开展；两角间距较大，有的达 50 cm，这是帕里牦牛的主要特征之一。无角牦牛占总头数的 8%。公牛相貌雄壮，颈粗而紧凑，鬐甲高而宽厚，前胸深广。背腰平直，尻部欠丰满，但紧凑结实。四肢强健较短，蹄质结实。全身毛绒较长，尤其是腹侧、股侧毛绒长而密。母牛颈薄，鬐甲相对较低、较薄，前躯比后躯相对发达，胸宽，背腰稍凹，四肢相对较细。

图 1-3　帕里牦牛

(二)品种性能

帕里牦牛成年公牛的体高、体斜长、胸围、管围和体重分别为:112.0 cm,131.5 cm,157.5 cm,18.5 cm,236.6 kg,成年母牛分别为:(110.2±4.3)cm,(120.6±9.5)cm,(154.1±4.4)cm,(15.6±0.9)cm,(200.9±22.1)kg。屠宰率公牛 50.8%,母牛 48.1%;净肉率公牛 42.4%,母牛 38.7%。

120 d 平均挤乳量为 200 kg,日均挤乳 1.6 kg。泌乳高峰期每头日挤乳 1.5～1.8 kg。乳蛋白率 5.73%,乳脂率 5.95%。

每年 6—7 月份剪毛一次,剪毛量平均为公牛 0.7 kg、母牛 0.2 kg。公牦牛产毛量随年龄的增长而增高;母牦牛 1～2 岁产毛量最高,3 岁以上随年龄的增长而降低。

母牛初配年龄为 3.5 岁,公牛初配年龄 4.5 岁,6～10 岁繁殖力最强,大多数两年一胎。季节性发情,每年 7 月份进入发情季节,8 月份是配种旺季,10 月底结束。母牦牛发情持续期一般是 8～24 h,发情周期 21 d,妊娠期 250 d 左右。

(三)品种评价

帕里牦牛 2006 年列入《国家畜禽遗传资源保护名录》。帕里牦牛特征鲜明,生产性能高且稳定,对当地农牧业发展发挥了重要作用。今后应继续调整牛群结构,改进饲养管理,建立核心群,着重选择个体大、产肉量高的种牛,使其向肉用方向发展。

四、斯布牦牛

斯布牦牛属兼用型地方牦牛品种,中心产区位于拉萨市墨竹工卡县的斯布山沟,东与贡布江达县为邻。

(一)体型外貌

斯布牦牛(图 1-4)大部分个体毛色为黑色,个别掺有白色毛。公牛角基部粗,角向外、向上,角尖向后,角间距大;母牛角与公牛相似,但基部较细;也有少数牦牛无角。母牛面部清秀,嘴唇薄而灵活。眼有神,鬐甲微凸,绝大部分个体背腰平直,腹大而不下垂,体格硕大,前躯呈矩形,发育良好,胸深宽、蹄裂紧,但多数个体后躯股部发育欠佳。

图 1-4 斯布牦牛

（二）品种性能

斯布牦牛成年公牛的体高、体斜长、胸围、管围和体重分别为：(111.5±2.5)cm，(121.8±9.7)cm，(152.1±14.1)cm，(16.3±1.4)cm，(204.4±54.7)kg，成年母牛分别为：(105.3±4.2)cm，(116.8±5.3)cm，(145.8±5.7)cm，(15.0±0.7)cm，(172.9±87.0)kg。屠宰率公牛44.8%，母牛49.2%；净肉率公牛34.8%，母牛40.0%。

母牛泌乳期为6个月，挤乳量216 kg。乳成分为：乳脂率7.05%，乳蛋白率5.27%，乳糖率3.48，灰分0.89%。

每头牛剪毛量一般可达0.63 kg，产绒量0.2 kg。如果管理得当，其产绒量可达0.5 kg以上。

母牛一般3周岁性成熟，4.5周岁初配；公牦牛3.5岁开始配种。母牦牛一般7—9月份为发情期，发情持续期一般1～2 d，发情周期14～18 d。受胎率61.80%，繁殖率61.02%，牦牛成活率75%。

（三）品种评价

斯布牦牛是西藏牦牛的一个优良类群，生产性能较好，繁殖性能较高。但其选育程度不高，建议今后建立保种牛场，加强系统选育，提高群体质量。

五、娘亚牦牛

娘亚牦牛又称嘉黎牦牛，属以产肉为主的牦牛地方品种，原产地为西藏自治区那曲市的嘉黎县，主要分布于嘉黎县东部以及东北部各乡。

（一）体型外貌

娘亚牦牛（图1-5）毛色较杂，纯黑色约占60%，其他为灰、青、褐、纯白等色。头部较粗重，额平宽，颜面稍凹。眼圆而有神，嘴方大而唇薄。公牦牛雄性特征明显，颈粗短，前胸开阔、胸深、肋弓开张，背腰平直，腹大而不下垂，尻斜。母牛头颈较清秀，角间距较小，角质光滑、细致、鬐甲相对较低、较窄，前胸发育良好，肋弓开张。四肢强健有力，蹄质坚实，肢势端正。

图1-5　娘亚牦牛

（二）品种性能

娘亚牦牛成年公牛的体高、体斜长、胸围、管围和体重分别为：(127.4±9.3)cm，(147.3±13.5)cm，(186.3±18.1)cm，(20.1±2.3)cm，(368.0±91)kg，成年母牛分别为：(108.1±3.5)cm，(120.2±6.2)cm，(147.8±6.0)cm，(14.9±0.8)cm，(184.1±18.8)kg。屠宰率公牛50.2%，母牛50.7%；净肉率公牛45.0%，母牛41.1%。

母牛泌乳期180 d，年挤乳量192 kg。乳主要成分为：水分83.5%，乳脂肪6.8%，乳蛋白5.0%，乳糖3.7%，灰分1.0%。

娘亚牦牛产区气候严寒，当地牧民没有剪毛抓绒的习惯。经测定，公牛产毛量平均0.69 kg，母牛产毛量平均0.18 kg。

公牦牛性成熟年龄为42月龄，母牛性成熟年龄为24月龄，初配年龄为30～42月龄。每年6月中旬开始发情，7—8月份是配种旺季，10月初发情基本结束；妊娠期约250 d，两年一胎或三年两胎，犊牛成活率90%左右。

（三）品种评价

娘亚牦牛高度适应恶劣的自然环境条件，耐粗饲、耐寒，个体大、产奶量高、乳脂率高，是当地人民生产、生活不可缺少的地方品种。在今后应调整畜群结构，改善饲养管理，开展本品种选育，进一步提高其产肉性能。

六、九龙牦牛

九龙牦牛属以产肉为主的牦牛地方品种，原产地为四川省甘孜藏族自治州的九龙县及康定市南部的沙德乡，中心产区位于九龙县斜卡和洪坝。邻近九龙县的盐源县和冕宁县以及雅安地区的石棉等县均有分布。

（一）体型外貌

九龙牦牛（图1-6）的基础毛色为黑色，少数有白色花斑。被毛为长覆毛，有底绒，额部有长毛。公牛头大额宽，母牛头小狭长。角形主要为大圆环和龙门角两种。公牛肩峰较大，前胸发达开阔，胸很深，腹大而不下垂，背腰平直，后躯较短，发育不如前躯，尻欠宽而略斜，尾短，尾毛丛生帚状，四

图1-6 九龙牦牛

肢、腹侧、胸前裙毛着地。

（二）品种性能

九龙牦牛成年公牛的体高、体斜长、胸围、管围和体重分别为：(139.8 ± 6.5)cm，(152.4 ± 6.5)cm，(206.7 ± 13.1)cm，(21.4 ± 0.6)cm，(359.3 ± 53.2)kg，成年母牛分别为：(118.8 ± 3.0)cm，(132.7 ± 4.0)cm，(171.8 ± 6.3)cm，(18.4 ± 1.0)cm，(274.8 ± 24.7)kg。屠宰率公牛 53.6%，母牛 47.0%；净肉率公牛 42.0%，母牛 36.8%。

平均泌乳期 153 d，年挤乳量 350 kg，日平均挤乳 2.3 kg。乳蛋白率 4.8%～5.0%，乳脂率 7.0%，灰分 0.8%。

每年五六月份剪毛一次，平均剪毛量 1.7 kg。产毛量根据个体、年龄、性别、产地的不同而有差异。

性成熟年龄为 24～36 月龄，公牛初配年龄 48 月龄，母牛初配年龄 36 月龄。季节性发情，每年 7 月份进入发情季节，8 月份是配种旺季。发情持续期一般 8～24 h，发情周期 19～21 d，妊娠期 255～270 d。

（三）品种评价

九龙牦牛 1988 年收录于《中国牛品种志》，2000 年列入《国家畜禽品种资源保护名录》，2006 年列入《国家畜禽遗传资源保护名录》。九龙牦牛是经过长期的人工选择和自然选择形成的一个具有共同来源、体型外貌较为一致、遗传性能稳定、适应性强的谷地型牦牛，具有良好的肉用性能。应坚持本品种选育，加大选育力度，加强种公牛的选择和培育。

七、麦洼牦牛

麦洼牦牛属肉乳兼用型地方牦牛品种，原产地为四川省阿坝藏族羌族自治州，主产于阿坝藏族自治州红原县瓦切、麦洼及若尔盖县一带。

（一）体型外貌

麦洼牦牛（图 1-7）毛色多为黑色，前胸、体侧及尾着生长毛，尾毛帚状。额宽平，绝大多数有角，额毛卷曲，长者遮眼。公牦牛角粗大，向两侧平伸而向上，角尖略向后、向内弯曲，相貌粗野雄伟，颈粗短，鬐

图 1-7　麦洼牦牛

甲高而丰满;母牦牛角较细、短、尖,角型不一,颈较薄,鬐甲较低而单薄。前胸发达,胸深,肋开张,背腰平直,腹大而下垂,尻部较窄略斜。体躯较长,四肢较短,蹄小,蹄质坚实。

(二)品种性能

麦洼牦牛成年公牛的体高、体斜长、胸围、管围和体重分别为:(117.7±5.5)cm,(127.1±13.6)cm,(162.7±10.8)cm,(19.4±1.4)cm,(207.1±39.1)kg,成年母牛分别为:(113.0±4.8)cm,(120.5±10.2)cm,(153.4±12.3)cm,(16.2±1.1)cm,(176.3±23.3)kg。成年阉牛屠宰率为55%,净肉率为43%。

泌乳期6个月,挤乳量200~250 kg,乳脂率6%~7.5%,乳蛋白4.91%,干物质为17.9%。

每年剪毛一次,成年公牛平均剪毛量为1.4 kg,母牛为0.4 kg。

公牛初配年龄为30月龄,母牛初配年龄为36月龄,发情季节为每年的6—9月份,7—8月份为发情旺季。发情周期为(18.2±4.4)d,发情持续期12~16 h,妊娠期(266±9)d。

(三)品种评价

麦洼牦牛1988年收录于《中国牛品种志》,2010年发布了国家标准《麦洼牦牛》(GB/T 24865—2010)。麦洼牦牛对高寒草地和沼泽草地有良好的适应性,具有产奶量和乳脂含量高的优良特性。但其毛色相对较杂,选育程度低,体格小,品种整齐度差。今后应加强本品种选育,进一步提高其肉、乳生产性能。

八、木里牦牛

木里牦牛属以产肉为主的牦牛地方品种,主要分布于四川省凉山彝族自治州木里藏族自治县海拔2 800 m以上的高寒草地,以东孜、沙湾、博窝、保波、麦日、东朗、唐央等10多个乡镇为中心产区,在冕宁、西昌、美姑、普格等县也有分布。

(一)体型外貌

木里牦牛(图1-8)被毛多为黑色,部分为黑白相间的杂花色。鼻镜为黑褐色,

图1-8　木里牦牛

眼睑、乳房为粉红色,蹄、角为黑褐色。被毛为长覆毛、有底绒,额部有长毛,前额有卷毛。公牛头大、额宽,母牛头小、狭长。耳小平伸,耳壳薄,耳端尖。公、母牛都有角,角形主要有小圆环角和龙门角两种。公牛颈粗、无垂肉,肩峰高耸而圆突;母牛颈薄,鬐甲低而薄。体躯较短,胸深宽,肋骨开张,背腰较平直。四肢粗短,蹄质结实。脐垂小,尻部短而斜。尾长至后管,尾梢大,呈黑色或白色。

(二)品种性能

木里牦牛成年公牛的体高、体斜长、胸围、管围和体重分别为:(139.8±4.5)cm,(159.0±7.8)cm,(206.0±10.5)cm,(20.0±0.8)cm,(374.7±66.3)kg,成年母牛分别为:(112.0±6.1)cm,(130.7±6.7)cm,(157.3±9.1)cm,(18.8±1.7)cm,(228.1±34.9)kg。屠宰率公牛53.4%,母牛50.9%;净肉率公牛45.6%,母牛40.7%。

泌乳期196 d,年泌乳量300 kg。

年平均产毛量0.5 kg。

公牛性成熟年龄为24月龄,初配年龄36月龄,利用年限6～8年。母牛性成熟年龄为18月龄,初配年龄为24～36月龄,利用年限13年。繁殖季节为7—10月份,发情周期21 d,妊娠期255 d。初生重公犊17 kg,母犊15 kg。

(三)品种评价

木里牦牛具有抗寒和抗病力强、耐粗饲、抓膘能力强等优良特性,但其成熟较晚,肉乳生产性能较低。今后应加强本品种选育,着重提高其产肉性能。

九、天祝白牦牛

天祝白牦牛属肉毛兼用型牦牛地方品种,主产于甘肃省武威市天祝藏族自治县以毛毛山、乌鞘岭为中心的松山、柏林、东大滩、抓喜秀龙、西大滩、花藏寺等19个乡(镇)。

图1-9 天祝白牦牛

(一)体型外貌

天祝白牦牛(图1-9)被毛为纯白色,体态结构紧凑,有角(角型较杂)或无角。前躯发达,胸宽而深,鬐甲高,后躯较前躯差,但发育正常,尻部一般较窄,四肢粗短,结实有力。偶蹄,蹄形小而圆,蹄叉闭合良好,蹄壳呈黑色或淡黄色,质地致密,善爬山。尾形如马尾,体躯各突出部位,肩端至肘,肘至腰角,腰角至髋结节,臀端联线以下,包括胸骨的体表部位,以及项脊至颈峰,下颌和垂皮等部位,着生长而光泽的粗毛(或称裙毛)同尾毛一起围于体侧,胸部、后躯、四肢、颈侧、背侧及尾部,着生较短的粗毛及绒毛。公牦牛头大额宽,头心毛曲卷,眼大有神,雄性突出,鼻镜小,颈粗,垂皮不发达,鬐甲明显隆起,前躯宽阔,胸部发育良好。睾丸较小,被阴囊紧裹。母牦牛头部清秀,额较窄,有角或无角,颈细薄,鬐甲稍高,身躯发育协调,腹大而圆,不垂,乳房小,乳头短,乳静脉不发达。

(二)品种性能

天祝白牦牛成年公牛的体高、体斜长、胸围、管围和体重分别为:(120.8±4.5)cm,(123.2±4.7)cm,(163.8±5.5)cm,(18.3±1.1)cm,(264.1±18.3)kg,成年母牛分别为:(108.1±5.5)cm,(113.6±5.2)cm,(153.7±8.1)cm,(16.8±1.6)cm,(189.7±20.8)kg。屠宰率公牛51.9%,母牛52%,阉牛54.8%;净肉率公牛36.8%,母牛41.0%,阉牛44.0%。

5月下旬到10月下旬150 d挤乳量为340～400 kg。6—9月份为挤乳期,挤乳期为105～120 d,日挤乳一次,日挤乳量0.5～4.0 kg,乳脂率为6%～8%,另据乳成分测定,挤乳期平均干物质16.91%,脂肪5.45%,蛋白质5.24%,乳糖5.41%,灰分0.77%。

一般在6月中旬剪毛(对公牛进行拔毛),每年剪(拔)毛一次,在剪(拔)毛前先进行抓绒,尾毛两年剪一次。成年公牦牛平均剪(拔)裙毛量为3.86 kg,抓绒量为0.46 kg,尾毛量为0.68 kg;成年母牦牛相应为1.76、0.36、0.43 kg;阉牦牛相应为1.97、0.63、0.41 kg。

公牦牛10～12月龄性成熟,3～4岁初配。母牦牛12～15月龄性成熟,2～4岁初配,一般4岁才能体成熟。母牦牛6～9月为发情旺季,发情周期19～27 d,发情持续期0.5～2 d,妊娠期260 d左右;多两年一胎或三年两胎。繁殖成活率63%。

(三)品种评价

天祝白牦牛1988年收录于《中国牛品种志》,2000年列入《国家畜禽品种资源保护名录》,2006年列入《国家畜禽遗传资源保护名录》,我国2008年发布了农业行业标准《天祝白牦牛》(NY 1659—2008)。天祝白牦牛是珍稀的牦牛地方品种和宝贵的遗传资源,品种特征明显,被毛洁白,肉毛兼用,极具开发利用前景。但是其生产性能较低,体型外貌及生产性能等个体差异较大。今后应以白牦牛纯繁为主,坚持"肉毛兼用"的选育方向和行之有效的种质资源保护与保种选育技术措施,改善基础设施条件,进一步扩大种群数量,提高品种质量和生产能力。

十、甘南牦牛

甘南牦牛属以产肉为主的地方牦牛品种,主要产于甘肃省甘南藏族自治州。

(一)体型外貌

甘南牦牛(图 1-10)毛色以黑色为主,间有杂色。体质结实,结构紧凑,头较大,额短而宽并稍显凸起。鼻长微陷,鼻孔稍向外开张,鼻镜较小,嘴方圆,唇薄灵活,眼圆有神,耳小。母牛多数有角且形状秀丽细长,公牛角粗长(也有无角个体),角间距离宽,角形由基部先向外伸,然后向上向内弯曲呈弧形,角尖向后或对称。颈短而薄,无垂皮或垂皮很小,一般颈肩与鬐甲结合不良,公牦牛颈粗而隆起,鬐甲厚长,背腰较宽而平直,荐部稍凸。胸和中躯发育良好,肋骨长

图 1-10 甘南牦牛

而开张良好,胸深宽广,腹大较圆,但不下垂,尻较窄斜,后躯发育欠佳。四肢短,关节明显,粗壮有力,前肢端正,后肢多呈刀状,一般肢间距离窄,两飞节靠近,蹄小质坚,蹄裂紧靠。母牦牛乳房小,乳头短,乳静脉不发达。公牦牛睾丸小而不下垂。尾较短,尾毛长蓬松,形如帚状。

(二)品种性能

甘南牦牛公牦牛体高(126.58±6.37)cm,体斜长(140.98 75±8.44)cm,胸围(187.92±10.83)cm;母牦牛体高(107.56±5.62)cm,体斜长(118.81±7.45)cm,胸围(154.67±6.97)cm;阉牦牛(驮牛)体高(126.14±8.35)cm,体斜长(138.70±11.76)cm,胸围(182.13±14.02)cm。根据对 8 头成年阉牛的测定结果,活重268.25 kg,胴体重 131.78 kg,屠宰率 49.08%,净肉重 98.05 kg,净肉率 36.49%。

当年产犊的牦牛日产乳 1.35～2.20 kg,一个泌乳期乳量 315～335 kg(犊牛哺乳除外)。上年产犊的牦牛日产乳 0.37～1.28 kg,一个泌乳期乳量 150～154 kg,酥油率 8.47(7.52～8.70%);牛乳比重 1.034(1.033～1.036);乳脂率 6.0%(5.5～6.5%);干酪素 3.0%～3.5%。

一般在 6 月中旬抓绒剪毛,剪毛量因拔毛或剪毛方法不同,以及个体状况差异而不同。阉牛头均产毛 0.5～0.75 kg,母牛头均产毛 0.25～0.5 kg。种公牛一般不剪

毛,驮牛只剪腹毛及裙毛,阉牛(驮牛)平均剪毛 1 kg,母牛 0.7～0.9 kg。每头牦牛可剪尾毛 0.1 kg。

公牦牛在 10～12 月龄就有明显的性反射,一般在 30～38 月龄开始配种。母牦牛一般 17～38 月龄才显露性行为,3～4 岁开始配种。牦牛发情季节 6—11 月份,7—9 月份为发情旺季。发情周期平均 22.79 d,第一次配种未孕的母牛,在发情季节能重复发情。发情持续期为 10～36 h,平均 18 h。两年一产或三年两产,一胎一犊。牦牛繁殖成活率低,一般在 50% 左右。

(三)品种评价

甘南牦牛 1980 年收录于《甘肃省家畜品种志》,甘肃省 2002 年发布了地方标准《甘南牦牛》(DB 62/T 489—2002)。甘南牦牛是甘肃省特有的地方遗传资源,经过长期的自然选择和人工培育,具有很强的抗逆性。今后应改进饲养管理,扩大核心群数量,加强育种工作,提高其产肉、产毛性能。

十一、中甸牦牛

中甸牦牛又称香格里拉牦牛,属以产肉为主的牦牛地方品种,主产于云南省迪庆藏族自治州香格里拉市中北部地区大中甸、小中甸、建塘镇、格咱、尼汝、东旺等地。

(一)体形外貌

中甸牦牛(图 1-11)毛色以全身黑毛者较多,黑白花及全身黑色而额心、肢端、尾部有白斑白毛者次之,其他杂色者较少,全身为白色者更为稀少。公母都有角,头大小中等。公牦牛相貌粗野,头大额宽,牛角雄伟,角基粗大,角尖多向上向前开张,呈张开弧形。母牦牛面目清秀,额较公牛窄,角细长,角尖多数略向后开张。公母牦牛眼睛圆大,突出有神,耳小,额稍显穿窿。额毛较

图 1-11 中甸牦牛

长,鼻长微陷,鼻镜中等下翻,嘴唇薄而灵活。颈薄无肉垂,公牦牛较母牦牛粗宽。鬐甲稍耸,向后渐倾,背平直,较短,十字部微隆起,胸短深而宽广,公牦牛较母牦牛发达,开阔。肋骨开张,腹大,尻部略倾斜,体躯较粗厚。四肢坚实,蹄大、钝圆、质坚韧,尾较短,尾毛发达,为扫帚状。四肢、腹侧缨毛较长,有的可及地。母牛乳房较小,乳

头短小,乳静脉不发达,鼻镜、角及蹄部多为黑色和灰黑色。

(二)品种性能

中甸牦牛成年公牛的体高、体斜长、胸围、管围和体重分别为:(115.5±8.6)cm,(126.0±15.0)cm,(157.2±14.7)cm,(16.9±1.2)cm,(224.4±33.6)kg,成年母牛分别为:(111.9±5.3)cm,(125.8±7.8)cm,(159.8±9.2)cm,(15.2±1.9)cm,(208.8±63.1)kg。屠宰率母牛54.9%,阉牛54.3%;净肉率母牛38.4%,阉牛41.2%。

每年7—9月份为产乳高峰期,泌乳期210~220 d,每天挤乳一次,平均每头每年挤乳200~250 kg,乳脂率6.2%左右。

每头牦牛每年的产毛量公牛为3.0~4.0 kg,母牛为1.5~2.0 kg。

母牦牛到3岁以后才有发情表现,4~5岁开始配种,每年6—11月份为配种季节,7—9月份为母牦牛的发情旺季,母牦牛在发情季节一般只发情一次,持续时间为1~3 d,妊娠期255 d左右,翌年3月份开始产犊,5月份为产犊高峰期。一般两年产一胎,饲养管理较好者三年两胎。公牦牛4~5岁达到性成熟。

(三)品种评价

中甸牦牛1987年收录于《云南省家畜家禽品种志》。中甸牦牛适应当地高海拔自然气候环境,乳脂率和肌肉粗蛋白含量高、氨基酸含量丰富,但其性成熟较晚、繁殖力低、生长相对缓慢。今后应对中甸牦牛适宜高寒自然环境的生理行为特性进行研究,开发利用中甸牦牛肉、奶产品,并作为观光畜牧业的畜种加以选育和提高。

十二、巴州牦牛

巴州牦牛属肉乳兼用型牦牛地方品种,中心产区位于新疆维吾尔自治区巴音郭楞蒙古自治州和静县及和硕县的高山地带,以和静的巴音布鲁克、巴伦台地区为集中产区。

(一)外貌特性

巴州牦牛(图1-12)体格大,头较重而粗,额短宽,眼圆大,额毛长而卷曲;耳小稍垂,鼻孔大,唇厚;有角者居多,角细长,

图1-12 巴州牦牛

尖锐,自基部向两侧再弯向前方伸出;颈薄,头颈结合良好;体躯长方,鬐甲稍高,胸部宽,腹大;后躯发育中等,尻斜,尾短而毛长;四肢粗壮有力,关节圆大,蹄小,质地坚实。全身被毛长,黑色多,还有黑白花、褐色、灰色、白色等,腹毛下垂呈裙状,不及地。

(二)品种性能

巴州成年公牦牛体重 367 kg,成年母牦牛体重 264 kg,初生公牛犊重 15.44 kg,初生母牛犊重 14.16 kg。成年公牦牛体高 107 cm,成年母牦牛体高 102 cm。母牦牛年均产乳量 260 kg,乳脂率 5%。成年公牦牛屠宰率略低于 48.61%,净肉率 31.97%。2 岁白公牦牛年产绒量 2.9 kg,2 岁白母牦牛年产绒量 2.8 kg。

公牦牛一般 3 岁进行初配,4~6 岁为配种能力最强年龄,8 岁后配种能力开始下降。母牦牛 3 岁初配,每年 6—9 月份为发情季节,发情周期平均 18 d,发情持续期为 32 h,8 岁以上的母牦牛发情持续期偏长,犊牛成活率为 98%,繁殖成活率 64%。

(三)品种评价

巴州牦牛体格大、体质结实、能很好地适应当地环境。今后应有计划地进行本品种选育,加大科研力度,将传统育种方法和现代育种技术相结合,开展巴州牦牛的遗传改良和提纯复壮,以提高其生产性能和综合品质。

十三、大通牦牛

大通牦牛是中国农业科学院兰州畜牧与兽药研究所和青海省大通种牛场执行农业部 4 个五年计划重点项目,利用野牦牛和家牦牛经几十年培育成的牦牛新品种。

(一)体型外貌

大通牦牛(图 1-13)遗传性能稳定,体型外貌高度一致,野牦牛特征十分明显,体躯高大,体质结实,体型结构紧凑偏向肉用型牛。发育良好,生长快。头大角粗,头呈长方形,头粗重,额面宽,额头生长厚而长的粗卷毛,角形先向外两侧伸展,再向上向后弯曲,角基宽,眼大而圆。鬐甲隆起,高而较宽厚,颈粗短,前胸深宽,背要平直而宽,前肢端正,后肢呈刀状,四肢高而结实,

图 1-13　大通牦牛

肢势端正。体侧及腹部密生粗长毛,腹部绒毛厚而多,尾短而粗,尾毛密生且蓬松呈帚状,无论公母毛色均为黑色或夹有棕色纤维,鼻、眼、脸为灰白色,脊背中央有一条清晰可见的灰色背脊线。

(二)品种性能

6月龄、18月龄、30月龄公牛平均胴体重38.25 kg、71.17 kg、117 kg;母牛平均胴体重36.60 kg、69.50 kg、109.74 kg,屠宰率46%～50%;净肉率为37%。

初产母牛日产量1.18 kg,乳脂率5.51%;经产母牛日产量1.90 kg,乳脂率6.25%。

成年公牛的产毛量为1.99 kg,产绒量0.85 kg,成年母牛的产毛量1.52 kg,产绒量0.63 kg。

大通牦牛繁殖率较高,适配年龄2.5岁,初产年龄3.5岁,初产年龄由其他类型牦牛的4.5岁提前到3.5岁。经产母牛为三年两胎,产犊率75%。据统计,18～20月龄受配怀孕的母牛占8%～10%;24月龄的占25%～46%;24月龄以上的占47%～62%。2～2.5岁公牛正常配种。

(三)品种评价

2008年7月发布了农业行业标准《大通牦牛》(NY 1658—2008)。大通牦牛遗传性能稳定、产肉性能良好、抗逆性和对高山高寒草场的适应能力强,对改良我国牦牛、提高牦牛生产性能及牦牛业整体效益具有重要的实用价值。今后应结合常规育种和分子标记辅助选择技术开展品系繁育,提高质量,扩大数量,使该品种在广大牦牛产区的生产中发挥更大作用。

十四、阿什旦牦牛

阿什旦牦牛(图1-14)是由中国农业科学院兰州畜牧与兽药研究所牦牛资源

与育种创新团队与青海省大通种牛场历经20余年培育的国家级畜禽牦牛新品种,它因产于海拔4 380 m的阿什旦雪山脚下而得名。目前,该品种已经通过了国家畜禽遗传资源委员会审定,并取得国家畜禽新品种证书。这一新品种,填补了国内空白,同时也为牦牛产业多元化饲养提供了技术支持。

图1-14　阿什旦牦

"阿什旦牦牛"以肉用为主、无角,遗传

性能稳定,产肉性能好,抗逆性强,繁殖性能高,性情温顺,可圈养舍饲,能够充分利用青藏高原高寒半农半牧区的饲料资源。"阿什旦牦牛"在产地饲养管理条件下,繁殖成活率达 60%～85%。在放牧饲养条件下,成年公牦牛屠宰率为 50.8%,成年母牦牛屠宰率为 47.4%。在舍饲育肥条件下,成年牦牛屠宰率为 57.6%。该品种填补了牦牛多元化培育品种的空白,是世界独特生态区牦牛品种培育的成功典范和品种生态差异化培育的典型代表,在牦牛育种史上再次取得重大突破。

"阿什旦牦牛"改良后裔在同等饲养条件下,平均繁活率为 59.98%,比当地牦牛提高 11.72 个百分点。死亡率为 1.24%,比当地牦牛降低 4.32 个百分点。

第五节 我国牦牛的主要饲养方式

牦牛作为青藏高原生产性能较低的原始畜种,长期以来,由于放牧制度和放牧体系不合理造成草地生物量下降,优良牧草减少,毒杂草蔓延,牧草品质逐年变劣,伴随而来的是牦牛个体变小、体重下降、畜产品减少、出栏率和商品率低、能量转化效率下降等一系列问题,严重影响着牦牛业的发展和经济效益的提高。在牦牛生产区,终年放牧,靠天养畜的饲养方式和粗放的经营管理,牦牛的生产基本处于有牧无业的状态,这种供需的矛盾严重影响了生态效益及畜牧业的发展。同时,牦牛长期的营养不均衡,使得育肥速度慢,饲喂周期长,周转慢,商品率低,尤其是遇到周期性的雪灾,由于没有贮备饲料,导致大量的牦牛死亡,造成严重的经济损失。在泌乳期,牧民们为了得到更多的乳,进行掠夺式挤乳,导致犊牦牛的营养经常处于匮乏状态,这种情况不利于母牦牛的复壮、抓膘,同时也影响母畜发情受配率、受胎率及产犊成活率。更重要的是,这种挤乳方式严重阻碍了犊牛的生长发育。迄今为止,牦牛仍以天然草地进行封闭的自给性生产为主,即使是在漫长的冷季,饲草缺乏的情况下,除给幼龄及母牦牛补饲少量的干草或青贮牧草外,一般不予补饲。近年来,人们越来越关注牦牛的饲养管理,从接犊、吃初乳以及确保犊牦牛营养、避免成年牛春乏做了大量的工作。

目前我国牦牛饲养有 2 种方式:放牧、半舍饲。

一、放牧

(一)正确的牦牛放牧方式

就牦牛脾性而言,属粗暴型,性野,易惊,但是很合群。由此,牦牛群放牧,多数为一个放牧员,丢失牦牛的情况不多。根据牦牛易惊的特性,牦牛群进入放牧地后,放牧员不宜紧跟牦牛群,以免牦牛到处游走而不安静采食。为防止牛越界和害狼偷袭,放牧员可选择一处与牦牛群有一定距离,能顾及全群的高地进行守护、瞭望。控制牦牛群使其听从指挥的方法是,放牧员用特定的呼唤、口令声,伴以甩出小石块。用小石块投击离群的牦牛,一般多采用徒手投掷,投掷距离远及数十米。距离较远时也可用放牧鞭投掷。石块的落地,以及它在空中飞行的"嗖嗖"声,和放牧鞭的抽鞭声,都是给牦牛的警告和信号。牦牛会根据石块落地点和声响的来源,判断应该前去的方向。放牧员利用放牧鞭驱使牦牛前进,集合或分散。走远离群的牦牛,听见鞭和飞石的声音,以及落石点,会很快地合群。

(二)牦牛放牧的日程安排

因季节差异、牦牛种类不同而有所差异。但是,总体的放牧原则是:夏秋季早出晚归,冬春季迟出早归,夏秋季放牧,重点抓好膘情,做好配种,提升泌乳产量,为牦牛越冬打好基础。同时,确保当年屠宰牦牛准时出栏。一旦进入夏秋季节,放牧牦牛群应及早向夏秋牧场过渡,每天行程控制在 $10\sim15$ km 为宜。夏秋季节,酌情延长放牧时间,确保多采食牧草。中午气候炎热,选择阴凉处休息。出牧时,由草质差的牧场,向草质好的牧场过渡。牧场草质较好时,应管理好牛群,做到横队采食,确保吃草均匀,避免践踏草地。当定居点距牧场 2 km 以上时就应搬迁,以减少每天出牧、归牧赶路的时间及牦牛体力的消耗。带犊泌乳的牦牛,10 d 左右搬迁一次,$3\sim5$ d 更换一次牧地。此外,为保护草地资源,改善植被状态,应做好轮牧计划,及时更换牧场,确保牛粪均匀播撒草场,为牧草提供养分。同时,控制寄生虫感染。冬春季放牧,重点保膘、保胎。避免乏弱,能安全过冬。妊娠母牛,做好保胎工作,确保安全产仔,提升成活率。冬春季,由于放牧时间有限,应利用好中午温暖时段,做好放牧和补水工作。晴天放牧,应尽量远处放牧。阴雨天放牧,宜选在低洼山湾。而且,放牧尽量顺风向。怀孕母牛加强护理,避开水滩放牧,忌饮服冷水。刚进入冬春季节时,多数体壮膘肥,可选边远牧场放牧,尽量延迟距离定居点近的牧场放牧。冬春季节,雨雪较多,应留意气候变化。若放牧草场质量差,草质不均,用散牧效果好,让牦牛群较分散地自由采食,确保在更大面积采食更多牧草。

(三)重视放牧管理工作

①合理组织牦牛群。可根据性别、生理、年龄等等而定。分群得当的话,更便于放牧管理,合理利用草场,确保牦牛产量,确保牦牛群采食均匀,减少放牧带来的困难。②根据季节不同合理轮牧。放牧的日程安排,因季节差异、牦牛种类不同而有所差异。

(四)放牧强度

不同的放牧强度草地利用率不同,相关研究报道指出,放牧强度比放牧体系更重要。国内高寒草甸放牧强度的研究在应用绵羊方面比较多见,在青藏高原有关牦牛放牧强度的试验报道尚不多见。董全民等通过测定放牧强度对地上生物量和牦牛生长的影响,指出随着放牧强度的减轻,优良牧草(禾草+莎草)的地上生物量和比例增加,而杂草的地上生物量和比例下降,从不同放牧强度对草场植被和牦牛体重变化的影响综合分析,牧草利用率为 50.00% 的中度放牧较为合理。通过对牦牛不同放牧强度对草地植被和产量的影响研究,表明在海拔 3 530.00 m 的草场内(典型的高原气候下)每 10.00 hm² 的面积放牧 10～20 头,牧草利用率和荒废率为 50.00%～60.00% 为适牧。建立在 50.00% 利用率下,在 7～9 月龄进行牦牛的育肥,必能获得很好的经济效益和生态效益。因此控制好放牧强度十分重要。

二、半舍饲

(一)舍饲与半舍饲养殖优势

传统的牦牛放牧方式存在饲料转化率低、生产率低、商品率低等问题。究其原因,一是生产模式较为单一,多数牧民养殖户都是散养,规模较大的集体养殖较少;二是牛群结构不够合理,缺乏科学有效的管理手段。

采用舍饲与半舍饲养殖技术能够实现大规模集约化的养殖,同时运用先进的养殖理念,加强牛棚等基础设施的建设,建成现代化的养殖场,还能够节约养殖成本,提高牦牛养殖业的经济效益。我国青藏高原地区的牦牛常有冬季掉膘严重的现象。造成这一现象的重要原因就是我国青藏高原地区的高寒草甸草地上的牧草返青期短暂,枯黄期漫长,而枯黄期的牧草不利于反刍动物消化,会导致牦牛的营养转化率低,在冬季严重掉膘,甚至死亡,造成牦牛总增率和出栏率低、死亡率高的情况。

舍饲养殖能够减小这种季节性变化所带来的影响。实验证明,冬季时在舍饲条件下,成年母牛体重下降幅度相较于放牧养殖明显减少,并且公牦犊牛和母牦犊牛的体重和体尺比放牧养殖皆呈增长趋势,还有舍饲牦牛的日产乳量也高于放牧牦牛。不仅如此,经过冬春季拴系舍饲育肥的牦牛相比于传统的放牧饲养的牦牛,除了增重速度有显著提高外,每千克增重的饲料成本也明显降低。研究表明,放牧牦牛瘤胃厚壁菌门类细菌所占的比例比起舍饲牦牛来高出很多,而拟杆菌类细菌在放牧牦牛瘤胃中占的比例则比舍饲牦牛要低。这就说明放牧牦牛与舍饲牦牛瘤胃中纤维降解菌的种类和数量差别不大,都是优势菌群,但舍饲牦牛瘤胃内的蛋白降解菌和淀粉降解菌都更为复杂和丰富。由此可见,舍饲养殖能够有效提高牦牛对饲料的消化利用率,从而提高牦牛的增长速度,节约饲料成本。

(二)牦牛的半舍式饲养技术

牦牛半舍饲式技术主要包括短期育肥、犊牛半舍式饲养和成年牦牛半舍式饲养。

1. 牦牛短期育肥技术

牦牛育肥前的准备工作十分重要。育肥牛品种选择、饲草料以及养殖管理水平,都直接关系到牦牛的育肥效果。另外,牦牛自身的类群、性别、年龄以及所处的生理阶段也跟育肥效果有关。首先根据牦牛性别与年龄进行适当分群,为育肥做好准备工作;然后对分好群的牦牛进行编号、驱虫以及称重等。牦牛育肥包括夏季强度放牧育肥和冬季补饲育肥。夏季强度放牧育肥是一种暖季育肥模式,在每年的7—9月份牧草生长旺盛的时期进行。使牦牛24 h自由觅食,即使晚上牧归,也必须保证其有12 h以上的采食时间,育肥时间为3个月左右。如果育肥前牛的膘情比较好,可以适当地缩短育肥时间。另外还要给牦牛补充适量的矿物质与微量元素。在冷季补饲育肥时,需要准备好饲草料并做好保暖措施。准备一些干草与精料,应该是精粗搭配适当,既提供能量又满足牦牛的蛋白质需求,来保证牦牛的瘤胃正常代谢。一般将牦牛育肥的精料比例保持在10%即可增加牦牛的采食量,从而使牦牛增重的效果明显。冷季主要育肥模式为适当放牧＋补饲＋棚圈。日补精料1.5 kg,干草2 kg,除下雪不出牧外,放牧时间6 h/d。冷季牦牛育肥不仅需要良好的保温条件和饲草料条件,同时补饲日粮的能量也要高,这样才能取得较好的育肥效果。

2. 犊牛半舍式饲养

犊牛半舍饲养殖,采用"暖季全哺乳""暖季适当哺乳＋补饲"和"冷季少量哺乳＋半舍饲饲养"3种模式对犊牛生长发育进行研究。全哺乳和适当哺乳＋补饲、冷季少量哺乳＋半舍饲饲养不仅可以防止犊牛冷季掉膘,而且可以使犊牛继续生长发育。牦犊牛在营养条件较好的状态下,体重可达130 kg,达到成年母牛体重的70%,从而挖掘了犊牛早期的生长潜力,提高犊牛的生长发育,并降低冷季掉膘和死亡率。

3. 成年牦牛母牛半舍式饲养

成年牦牛母牛半舍饲饲养采用"优化放牧＋精料＋青干草＋棚圈(敞开式的棚)"的模式对母牦牛进行研究,通过研究,体重都出现了不同程度的掉膘,但相对掉膘比较少。这说明补饲精料对降低掉膘还是起到了一定作用。到 5 月份青黄不接时,整体掉膘幅度达到最大。因为牦牛是草食家畜,采食一般为七分草三分料,每日采食量的 70%应该为草。对于成年牦牛优化饲养管理技术来说,首先是储备好草料,选取品质优良的牧草;二是要采用科学的饲喂方式,牧草营养丰富、口感好、饲喂科学以及注意卫生,保持槽内的干净清洁。当年 10 月份至翌年的 5 月份,草地上生物量减少,导致牦牛采食牧草严重不足,无法维持需要,特别是 3 月以后,草原上牧草最少,导致很多家畜因饥饿而死亡。从母牦牛的生产性能上来看,母牛冬季掉膘幅度相对较低,一般群体发情高峰期在 6 月上旬,比平常提前近 2 个月,同时发情率和配种率都在 100%(而牧户牛当年发情率只有 40%),产犊高峰期在第二年的 4 月,平均提前近 2 个月。个别母牛出现 1 胎/年的情况,母牛繁殖性能有显著提高。同时实施半舍饲后,由于产乳牛的营养水平提高,所以产乳量也显著提高。从理论上讲,冷季不能挤乳,这样掠夺式的经营只能使母牛掉膘更严重,应把乳留给犊牛。

第二章　牦牛屠宰与分割

屠宰分割是畜禽商品化的主要工序,也是牦牛商品化和提质增值的关键工序。当前,国内外有关于肉牛屠宰和分割的相关标准,而牦牛没有相关的标准,主要是各地方、各企业结合市场需求和消费方式,参考相关国家和行业标准屠宰分割。本章将参考青海省颁布的有关牦牛屠宰、分级分割、分级等地方标准,重点介绍国内采用较广泛的牦牛屠宰及分割技术。

第一节　牦牛屠宰技术

牦牛的屠宰是牦牛商品化的关键工序之一,本部分将重点参考国家标准牛的屠宰操作规范《畜禽屠宰操作规程 牛》(GB/T 19477—2018)和青海省地方标准牦牛屠宰技术规程《牦牛屠宰技术规程》(DB63/T 1785—2020)介绍牦牛的屠宰技术。

一、牦牛宰前准备

(1)牦牛宰前运输和屠宰福利应符合《牛的饲养、运输、屠宰动物福利规范》(SN/T 3774)的要求。

(2)待宰牦牛应来自非疫区,健康良好,并有产地兽医检疫合格证明。

(3)为建立牦牛肉的可追溯体系,牦牛宰前应检查并确认牦牛幼畜饲养记录信息点,牦牛饲养记录信息点等信息,相关信息的要求应符合《饲料和食品链的可追溯性 体系设计与实施的通用原则和基本要求》(GB/T 22005)和《饲料和食品链的可追溯性 体系设计与实施指南》(GB/Z 25008)的要求。

(4)牦牛屠宰加工环境卫生应符合《食品安全国家标准 畜禽屠宰加工卫生规范》(GB 12694)的要求。

(5)牦牛屠宰加工工艺应符合《畜禽屠宰操作规程 牛》(GB/T 19477)的要求。

(6)牦牛进厂(场)后停食,充分休息 12~24 h,充分饮水至宰前 3 h。

(7)送宰牦牛应向所在地动物卫生监督机构申报检疫,按照《牛羊屠宰产品品质检验规程》(GB 18393)和《牛屠宰检疫规程》等进行检疫和检验,合格后方可屠宰。

二、牦牛屠宰工艺

1. 对牦牛分类

根据宰后牦牛胴体的用途,对待宰牦牛进行分类,对宰后进行部位肉分割的牦牛采用纵二分体屠宰和对不进行分割的牦牛采用横二分体屠宰。

2. 赶牛

按照 SN/T 3774 的要求选择赶牛人员,使牦牛进入待宰车间。

3. 致昏

致昏的方法有多种,推荐使用击晕法、麻电法。

(1)击晕法:用击晕枪对准牦牛的双角与双眼对角线交叉点,启动击晕枪使牦牛昏迷。

(2)麻电法:用单杆式电麻器击牦牛体,使牦牛昏迷(电压不超过 200 V,电流为1～1.5 A,作用时间 7～30 s)。

(3)致昏要适度,牦牛昏而不死。

4. 挂牛

(1)用高压水冲洗牦牛腹部,后腿及肛门周围。

(2)用扣脚链扣紧牦牛的右后小腿,匀速提升,使牦牛后腿部接近输送机轨道,然后挂至轨道链钩上。

(3)挂牦牛要迅速,与放血之间的时间间隔不超过 1.5 min。

5. 放血

(1)采用各民族或各地区适宜的屠宰方法。

(2)刺杀放血刀应每次消毒,轮换使用。

(3)放血完全,放血时间不少于 20 s。

6. 结扎肛门

用自来水冲洗肛门周围,将橡皮筋套在左臂上,塑料袋反套在左臂上。左手抓住肛门并提起,右手持刀将肛门沿四周割开并剥离,随割随提升,提升至 10 cm 左右,将塑料袋翻转套住肛门,用橡皮筋扎住塑料袋,将结扎好的肛门送回深处。

7. 去头

(1)用手抓住牛角(无角牦牛用刀在牛脖一侧割开一个手掌宽的孔,将左手伸入抓住牛头)。

(2)沿放血刀口处割下牛头,放入指定容器内。

8. 去前蹄

从腕关节下刀,割断连接关节的结缔组织、韧带及皮肉,割下前蹄放入指定的容器内。

9. 剥后腿皮

(1)抓住牛屠体一只后腿,从跗关节下刀,刀刃沿后腿内侧中线向上挑开牛皮。

(2)沿后腿内侧线向左右两侧剥离,从跗关节上方至尾根部牛皮,同时割除生殖器。

(3)割掉尾尖,放入指定器皿中。

10. 去后蹄

从跗关节下刀,割断连接关节的结缔组织、韧带及皮肉,割下后蹄,放入指定的器皿中。

11. 换轨

启动电葫芦,用两个管轨滚轮吊钩钩住牛的两只后腿跗关节处,将牦牛屠体平稳送至管轨上。

12. 剥胸腹部皮

(1)用刀将牛胸腹部皮沿胸腹中线从胸部挑至裆部。

(2)沿腹部中线向左右两侧剥开胸腹部牛皮至肷窝止。

13. 剥颈部和前腿皮

(1)从腕关节下刀,沿前腿内侧中线挑开牛皮至胸中线。

(2)沿颈中线自上而下挑开牛皮。

(3)从颈中线向两侧进刀,剥开胸颈部皮及前腿皮至两肩止。

14. 扯皮

(1)首先在牦牛屠体两只前腿腕关节肌筋腱处穿孔,挂钩链将两只前腿稳固在拴腿架上,交左右前腿皮放入扯皮机锁钩内锁紧,启动扯皮机,在扯皮过程中设专人扯皮,控制扯皮速度,不能将肉带在皮上。

(2)扯到尾部时,减慢速度,用刀将牛尾的根部剥开,保持剥皮机均匀向下运动,扯到腰部时适当增加速度。

(3)扯下的牦牛皮应用专用运输设备将其及时送出车间,不得在车间内长期存放。

15. 开胸、结扎食管

(1)从胸肋骨处下刀,沿胸中线向下紧贴气管和食管边缘,锯开胸腔及脖部。

(2)剥离气管和食管,将气管和食管分离至食道和胃结合部。

(3)将食管顶部结扎牢固,使内容物不流出。

16. 取白脏

(1)在牦牛的裆部下刀向两侧进刀,割开肉至骨连接处。

（2）刀尖向外,刀刃向下,由上向下推刀割开肚皮至胸软骨处。

（3）用左手扯出直肠,右手持刀伸入腹腔,从左到右割离腹腔内结缔组织。

（4）用力按下牦牛肚,取出胃肠送入指定容器中,然后扒净腰油。

（5）取出牦牛脾,放到指定容器中。

17.取红脏

（1）左手抓住腹肌一边,右手持刀沿体腔壁从左到右割离横膈肌,割断连接的结缔组织,留下小里脊。

（2）取出心、肝、肺,放到指定容器中。

（3）割开牛肾的外膜,取出肾并放到指定容器中。

（4）冲洗胸腹腔。

18.劈半

（1）根据不同类别的牦牛,选择纵二分体和横二分体两种劈半方式。

（2）沿牛尾跟关节处割下牛尾,放入指定容器内。

19.胴体修整

一手拿镊子,一手持刀,用镊子夹住所要修割的部位,修去胴体表面的淤血、淋巴、污物和浮毛等不洁物,注意保持肌膜的完整。

20.冲洗

用 32℃左右温水,由上到下冲洗四分体牛肉内侧及锯口、刀口处,将牦牛腹部、浅部等刀处用毛刷沾水刷或用手摘干净(污物)。

21.检验

（1）牦牛屠宰加工过程中的检验按 GB/T 19477 规定执行。

（2）牦牛宰后检验按 NY 467—2001 规定执行。

（3）经检验合格的胴体或肉品应加盖统一的检验合格印章或标识,并签发检验合格证。印章染色液应对人无害、盖后不流散,附着牢固。

（4）经判定为有条件可食肉、工业用肉、销毁肉等均应分别加盖识别印章,并分别在指定场所,按有关规定处理。

22.胴体预冷

（1）用于加工冷却牦牛肉的牦牛胴体按照 NY/T 1565 的要求进行冷却成熟。

（2）将预冷间温度降到—2~0℃;推入胴体,胴体间距不少于 10 cm;启动冷风机,使库温保持在 0~4℃,相对湿度保持在 85%~95%。

（3）预冷后检查胴体 pH 及深层温度,符合要求后进行排酸、剔骨、分割、包装。

23.产品追溯

（1）牦牛肉追溯体系的应用按照 GB/T 22005 和 GB/Z 25008 的要求。

（2）牦牛屠宰加工环节应记录屠宰场信息、牦牛来源、屠宰加工过程、出入库和运输等信息。相关信息应符合 GB/T 22005 和 GB/Z 25008 的要求。

24. 牦牛屠宰过程中产生的废弃物、污染物的处理

（1）牦牛屠宰过程中产生的血、肉沫、骨渣等废弃物，收集后装入密封桶、塑料袋，作饲料或有机肥。

（2）牦牛宰后产生的胃肠内容物等污染物，取出后装入专用小车中运出车间，作饲料或有机肥。

第二节　牦牛肉的分割

肉品的分割是提升其价值的关键步骤，也是结合不同部位肉的品质进行加工的主要依据。当前牦牛肉的分割没有统一的标准，主要参考肉牛的分割，并结合不同地域和企业的实际情况进行分割。本部分重点参考青海省地方标准《牦牛胴体分割》（DB63/1784—2020）进行介绍。

一、牦牛胴体分割要求

（一）胴体分割要求

二分体分割要求：将牦牛胴体沿脊椎中线纵向切成两片。

普通四分体分割要求：在第 5 根肋骨至第 7 根肋骨之间，或在第 12 根肋骨至第 13 根肋骨之间将二分体切开，得到前、后两个部分。

枪形四分体分割要求：分割时一端沿腹直肌与臀部轮廓处切开，平行于脊柱走向，切至第 5～7 根肋骨之间，或第 11～14 根肋骨之间，横切后得到的前、后两部分称为枪形前、后四分体。

（二）分割肉分割要求（图 2-1）

里脊分割要求：分割时先剥去肾周脂肪，然后沿耻骨前下方把里脊头剔出，再由里脊头向里脊尾，逐个剥离腰椎横突，即可取下完整的里脊。里脊包括：①粗修里脊，即修去里脊表层附带的脂肪，不修侧边；②精修里脊，即修去里脊表层附带的脂肪，同时修掉侧边。

外脊分割要求：分割步骤如下：①沿着最后一根腰椎处切下；②沿背最长肌腹壁侧，离背最长肌 3～5 cm 切下；③在第 13～14 胸肋处切断胸椎；④逐个把胸、腰椎剥离。

眼肉分割要求:后端在第 13～14 胸椎处,前端在第 5～6 胸椎处。分割时先剥离胸椎,抽出筋腱,在背最长肌处,腹侧距离为 3～5 cm,切下。

带骨眼肉分割要求:眼肉分割时不剥离胸椎,稍加修整即为带骨眼肉。

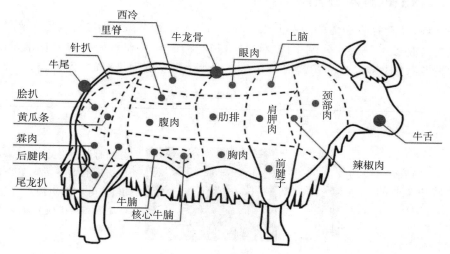

图 2-1 牦牛部位分割肉示意图

上脑分割要求:其后端在第 5～6 根胸椎处,与眼肉相连,前端在最后颈椎后缘。分割时剥离胸椎,去除筋腱,在背最长肌,腹侧距离为 3～5 cm 处切下。

胸肉分割要求:在剑状软骨处,沿着胸肉的自然走向剥离,修去部分脂肪,即成胸肉。

辣椒条分割要求:在肩胛骨外侧,从肱骨头与肩胛骨结节处紧贴冈上窝取出的形如辣椒状的净肉。

臀肉分割要求:位于后腿外侧靠近股骨一端,沿着臀股四头肌边缘取下的净肉。

米龙分割要求:沿股骨内侧从臀股二头肌与臀股四头肌边缘取下的净肉。

牛霖分割要求:当米龙和臀肉取下后,能见到长圆形肉块,沿自然肉缝分割,得到一块完整的净肉。

小黄瓜条分割要求:当牦牛后腱子肉取下后,小黄瓜条处于最明显的位置。分割时可按小黄瓜条的自然走向剥离。

大黄瓜条分割要求:与小黄瓜条紧紧相连,剥离小黄瓜条后大黄瓜条就完全暴露,顺着肉缝自然走向剥离,便可得到一块完整的四方形肉块。

腹肉分割要求:分无骨肋排和带骨肋排。一般包括 4～7 根肋骨。

腱子肉分割要求:腱子肉分为前、后两部分,前牦牛腱从尺骨端下刀,剥离骨头,后牦牛腱从胫骨上端下刀,剥离骨头取下。

二、牦牛胴体分割示意图

当前,关于牦牛胴体的分割并没有统一的国家、行业或团体标准,牦牛胴体的分割主要是参考《鲜、冻分割牛肉》(GB/T 17238)的标准和青海省地方标准《牦牛胴体分割》(DB63/T 1784—2020),并结合企业生产实际而进行的,详见表2-1。

表 2-1　牦牛胴体分割示意图

序号	名称	分割示意图	真实图片	技术要求
1	里脊			分割时先剥去肾周脂肪,然后沿耻骨前下方把里脊剔出,再由里脊头向里脊尾,逐个剥离腰椎横突,即可取下完整的里脊
2	粗修里脊			粗修里脊,修去里脊表层附带的脂肪,不修侧边
3	精修里脊			精修里脊,修去里脊表层附带的脂肪,同时修掉侧边。
4	外脊			分割步骤如下:(1)沿着最后一根腰椎处切下;(2)沿背最长肌腹壁侧,离背最长肌3～5 cm切下;(3)在第13～14胸肋处切断胸椎;(4)逐个把胸、腰椎剥离。

续表 2-1

序号	名称	分割示意图	真实图片	技术要求
5	眼肉		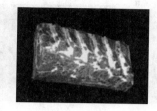	后端在第 13～14 胸椎处，前端在第 5～6 胸椎处。分割时先剥离胸椎，抽出筋腱，在背最长肌处，腹侧距离为3～5 cm处切下。
6	带骨眼肉		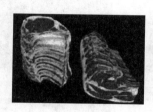	眼肉分割时不剥离胸椎，稍加修整即为带骨眼肉。
7	上脑			其后端在第 5～6 根胸椎处，与眼肉相连，前端在最后颈椎后缘。分割时剥离胸椎，去除筋腱，在背最长肌，腹侧距离为 3～5 cm 处切下。
8	胸肉			在剑状软骨处，沿着胸肉的自然走向剥离，修去部分脂肪，即成胸肉。
9	辣椒条			位于肩胛骨外侧，从肱骨头与肩胛骨结节处紧贴冈上窝取出的形如辣椒状的净肉。

续表 2-1

序号	名称	分割示意图	真实图片	技术要求
10	臀肉			位于后腿外侧靠近股骨一端,沿着臀股四头肌边缘取下的净肉。
11	米龙			沿股骨内侧从臀股二头肌与臀股四头肌边缘取下的净肉。
12	牛霖			当米龙和臀肉取下后,能见到长圆形肉块,沿自然肉缝分割,得到一块完整的净肉。
13	小黄瓜条			当牛后腱子肉取下后,小黄瓜条处于最明显的位置。分割时可按小黄瓜条的自然走向剥离。
14	大黄瓜条			与小黄瓜条紧紧相连,剥离小黄瓜条后,大黄瓜条就完全暴露,顺着肉缝自然走向剥离,便可得到一块完整的四方形肉块。

续表 2-1

序号	名称	分割示意图	真实图片	技术要求
15	腹肉			分无骨肋排和带骨肋排。一般包括 4～7 根肋骨。
16	腱子肉			腱子肉分为前、后两部分，前牛腱从尺骨端下刀，剥离骨头，后牛腱从胫骨上端下刀，剥离骨头取下。

第三节　牦牛肉的分级

肉品的分级,是肉品实现优质优价的基础,一般的肉品分级主要是结合胴体膘情、脂肪覆盖度、年龄等为标准进行的。本部分内容重点参考青海省地方标准《牦牛胴体分级》(DB63/T 1785—2020)介绍牦牛肉分级的情况。

一、按照膘情分级

牦牛胴体膘情均分为 1 级、2 级、3 级、4 级,具体等级判定依据见表 2-2。

表 2-2　牦牛胴体膘情等级评定

级别	性别	
	公牛	母牛
1 级	侧观躯体丰满肥硕,股部位肌肉明显凸起,胸腹肋部肌肉丰满。	侧观躯体丰满,股部位肌肉明显凸起,胸腹肋部肌肉丰满。
2 级	侧观躯体丰满,股部位肌肉发达,胸腹肋骨轮廓不可见。	侧观躯体丰满较好,股部位肌肉发达,胸腹肋骨轮廓不可见。
3 级	侧观躯体较丰满,股部位肌肉较发达,胸腹肋骨轮廓不可见。	侧观躯体丰满略好,股部位肌肉较发达,胸腹肋骨轮廓不可见。
4 级	侧观躯体丰满程度低下,股部位肌肉不发达,胸腹肋骨轮廓可见。	侧观躯体丰满程度低下,股部位肌肉不发达,胸腹肋骨轮廓可见。

二、按照脂肪覆盖度分级

根据体表脂肪覆盖、肋腹部内表面脂肪覆盖将牦牛的脂肪等级分为Ⅰ级、Ⅱ级、Ⅲ级,牦牛胴体脂肪覆盖度见图2-2,各个级别的具体要求见表2-3。

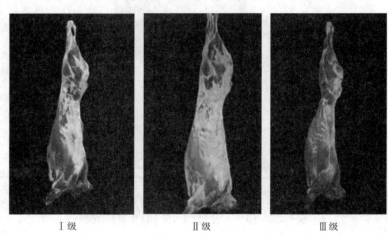

| Ⅰ级 | Ⅱ级 | Ⅲ级 |

图 2-2 牦牛胴体脂肪覆盖度图

表 2-3 牦牛胴体脂肪覆盖度评定

级别	评定标准
Ⅰ级	胴体肩背部脂肪覆盖良好、臀腿部脂肪明显,肋部肌肉间脂肪丰富
Ⅱ级	胴体肩部(或臀腿部)覆盖薄而少、背部大部分有脂肪覆盖,肋部肌肉间脂肪分布较少
Ⅲ级	胴体表面几乎无脂肪,肋部肌肉间脂肪几乎不存在

三、按大理石纹分级

选取左侧胴体第6肋至第7肋间,背最长肌横切面进行评定。按照大理石纹等级图谱评定背最长肌横切面处等级。大理石纹共分1、2、3、4四个等级。图2-3给出的是每级中纹理的最低标准。

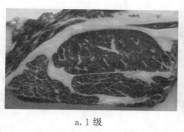

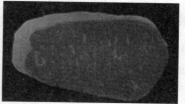

a. 1 级　　　　　　　　　　b. 2 级

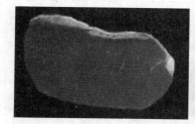

c. 3 级　　　　　　　　　　d. 4 级

图 2-3 牦牛眼肌大理石纹等级图

四、按年龄分级

牦牛年龄依据门齿数量及磨损状态判定。判定依据详见图 2-4。

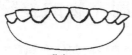

乳齿　　　　　　　　　　　1对永久门齿

a. 门齿数量 0～1 对，年龄为 36 月龄以下

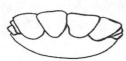

2对永久门齿　　　　　　　　3对永久门齿

b. 门齿数量 2～3 对，年龄为 36～48 月龄

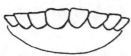

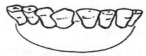

4对永久门齿且无磨损　　　　永久门齿磨损严重

c. 门齿数量 4 对且无明显磨损，年龄为 48～72 月龄　　d. 门齿数量 4 对且磨损严重，年龄为 72 月龄以上

图 2-4 齿龄评级图谱

五、牦牛胴体分级判定规则

牦牛胴体分级按图 2-5 评定,同时结合大理石纹和年龄对分级进行适当的调整。当大理石纹等级为 1～2 级,年龄 4～5 岁时,则不进行调整;当大理石纹等级为 3～4 级,年龄大于 5 岁时,牦牛胴体分级在图 2-5 牦牛胴体分类等级的基础上下降一个等级。

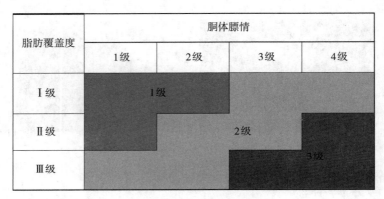

图 2-5　牦牛胴体分级图

第四节　牦牛屠宰副产物的整理

国内外的大量研究结果和实践证明,畜禽宰后的胴体和副产物占比约为1∶1,胴体(肉)是人类动物性食物的主要来源,而胃肠等副产物也是优良的食品资源,因此充分利用屠宰副产物将是牦牛等畜禽增产增值的关键。为此,本部分重点参考青海省地方标准《牦牛屠宰副产物整理技术规程》(DB63/T 1786—2020)介绍牦牛副产物的种类及收集方法。

一、牦牛副产物的种类

(1)牦牛可食副产物:指除肉以外牛的头、舌、心、肝、肺、胃(肚)、肾、肠、蹄、尾、鞭、睾丸等可食用部分。

(2)红脏:指动物屠宰后从胸、腹腔中取出的完整的心、肝、肺、肾等色泽发红的脏器。

(3)白脏:指动物屠宰后从腹腔中取出的胃和肠体。

(4)脂肪:指存在于牦牛腹腔内和附着于脏器周围的脂肪组织,由腰油、网油、杂油组成。腰油指包裹在肾脏周围的脂肪。网油指包裹在白脏周围的网状脂肪。杂油指从红脏周围、腹腔内壁及其他部位剥离的脂肪。

（5）胃：由四个部分组成，即瘤胃、网胃、瓣胃和皱胃，又将瘤胃、网胃合称为肚。瓣胃又称百叶，呈扁圆形，内壁由层层排列的大小叶瓣组成。皱胃又称三袋葫芦，内壁有一层粉红色的黏膜，并有胃液分泌，与网胃连接端较粗大，靠近十二指肠的一端较细小，由大、中、小3个袋状物所组成。

（6）直肠：又称脘口，形状圆直，表面被脂肪包裹，内壁为粉红色的皱形黏膜。

（7）结肠：又称肥肠、盘肠，表面有较多脂肪，盘旋呈圆形。

（8）鞭：即阴茎，公牦牛的外生殖器，外有包皮。

（9）睾丸：是公牦牛生殖腺，成一对位于阴囊中，中间由阴囊中隔分开。

二、牦牛副产物整理技术要求

（1）血：牦牛屠宰时，迅速将放血槽中的牛血经导流槽引入40～80目双联过滤筛，过滤掉放血过程中产生的杂质（如毛发、粪便、胃肠内容物），然后转入集血桶（罐）密封，冷藏待处理。

（2）头：分生剔法和熟剔法。

生剔法：牦牛头去角、剥皮后，贴着骨骼将头骨内外侧肌肉剔下，包括口腔、耳根、脑后、舌下等部位肌肉。然后将腮腺和颌下腺体修割掉。

熟剔法：牛头剥皮后先沿头骨中缝将颅骨撬开挖出牛脑，然后沿面部中线将头骨劈成两半，上颌骨处用砍骨刀劈开，以便摘取眼睛，用清水冲洗干净。

将冲洗后的牛头放入蒸煮锅，加水将其淹没，用大火煮开，煮30～40 min，煮至血水出净，肉完全凝固时即可，出锅后趁热剔骨取肉。沿骨内外两面将所有肌肉剔下（可带眼睛），修去各种腺体。

（3）舌：从舌根部切取牛舌，去掉舌根附着的肌肉、舌骨、系膜，保持舌体完整，清除舌面残留污物，舌下不带松软组织，表面不能有刀伤或破口，背面允许有浅度的检验刀口。

（4）红脏：主要包括心、肝、肺、肾。

心：剥离心周脂肪，切开心包膜，取出心脏，割除心表面的血管，将淤血、损伤部位割除，冲洗血污，放到指定容器内沥水。

肝：用手轻托肝脏，握刀先把肝从心、肝、肺联体上割下，再将胆囊小心从肝体上剥离。操作时不得划破肝脏，修割露出肝脏表面血管，清洗后放到指定容器内沥水。

肺：手握气管，用刀将气管与肺割开，修除和心脏连接处的血污，清洗干净。将气管剖开洗净,分别放到指定容器内沥水。

肾:用刀划开腰部蓄积脂肪,从中将肾脏剥离出来(或用手撕下),注意不能将肾脏划破,清洗后放到指定容器内。

(5)白脏:主要包括瘤网胃、瓣胃、皱胃、肠。

瘤网胃:在皱胃与十二指肠结合处将胃肠分开,立即将十二指肠头结扎,将肠送至专门整理处。将外部多余脂肪摘取干净,再从瘤胃上摘取脾脏,分别放入指定容器。在瘤胃底部划一小口,将内容物倒至指定地点,给瘤胃注水,并用力将水压向皱胃和瓣胃,将内容物冲洗干净。在网、瓣胃结合处将瘤网胃与瓣皱胃分开,将食管从瘤胃上切下,冲洗干净后放入指定容器;瘤网胃放入 65～75℃ 热水浸烫,直至能用手褪掉黑色黏膜时捞至清洗槽内,将污物及黑膜刷洗干净。在瘤网结合处将瘤胃、网胃分割开,分别置于指定容器中沥水。

瓣胃:用刀沿前后两个开口将瓣胃直线剖开,剖开时应使横纹中间的结节带在左侧(不能将结节割开,以免内容物清洗不净)。将残余内容物抖动脱出后,放入水池中冲洗干净,放入 65～75℃ 热水中浸烫,直至能用手褪掉黑色黏膜时捞至清洗槽内,从一侧叶片开始,逐叶揉搓冲洗干净,至瓣胃另一侧,洗净后将其置于指定容器中沥水。

皱胃:将皱胃纵向剖开,用钝刀刮去胃黏膜,冲洗干净,放入指定容器中沥水。

肠:将肠上的膀胱、肛门、胰腺切下,分别置于指定容器内,切下直肠(�‌腔口)待清理。握住十二指肠切口结扎处,将肠系膜划开,将其内容物放出。将盲肠剥离出来,再将肠油取下;把结肠盘上的淋巴摘除,打开结肠盘;在小肠与盲肠结合处将二者分切开;撕下肠网膜放入指定容器。将十二指肠结扎头打开,把小肠一头套在水管上冲洗内壁,并将肠体外部冲洗干净后置于指定容器。将盲肠底部划开,将内容物排出,用水冲洗肠管内外,冲洗干净后置于指定容器。将结肠内部冲洗干净,然后顺着盘旋的方向,把多余脂肪撕下,用刀将肠体剖开洗净(若脂肪少,则不需摘除),放入专门容器。或将脂肪撕去后将肠体表面洗尽,然后把肠体内壁翻出,洗干净放到指定容器。将直肠内外冲洗干净,或外部洗净后将肠体翻过,冲洗干净后放入指定容器。

(6)蹄

褪毛:用清水冲洗除去表面污物,然后放入 60～80℃ 热水(可添加适量食用碱)中浸烫 6～10 min,取出后去除蹄壳,再以机械或手工方式去除粗毛,最后采用火焰喷射燎尽表面和皱褶处残毛,用刀将表面黑污刮除,清洗后送入指定容器。或用刀直接将蹄表毛皮剥离,清洗后送入指定容器。

抽蹄筋:后跟蹄筋。将牛蹄的后跟朝身握好,脚尖向上、向外,右手刀尖向左,刀刃向外,分别伸入牛蹄左右两侧,划开筋外的鞘囊,再切断第一、二趾骨间的韧带,将筋抽出。

蹄背部筋。将牛蹄脚趾朝身,趾尖向下抵在操作台上,左手拎起肌膜,刀刃向外,刀尖向左,伸入肌膜,向蹄的断口方向挑至腕骨或跗骨为止,再沿原刀路回刀,刀刃向身,剖开肌膜至第一趾骨附近,拉起肌膜下的脚筋,用刀贴骨将其挑开,再从近蹄壳处将筋横向切断拉出。

劈半:也可将整蹄或抽蹄筋后的蹄用锯骨机劈半,待用。

(7)尾:从荐椎和尾椎连接处割下牦牛尾,将根部的疏松组织修割掉,刷洗除去表面污物,放入指定容器。

(8)鞭:将包皮划开剥除,将鞭清洗干净,放入指定容器。

(9)睾丸:轻轻划开阴囊取出一对睾丸,清洗干净,放入指定容器。

(10)骨:将牦牛胴体分割后产生的骨分成椎骨、管状骨、扁平骨和碎骨。剔除表面和间隙中的残肉、脂肪和结缔组织,并将不易剔除的部位充分刷洗干净。用锯骨机将大骨锯断,冲洗后擦干,按类别放入指定容器。碎骨、肉末应统一收集后清洗干净,放入指定容器中。

(11)脂肪:将牦牛腹腔和脏器周围摘取分离的脂肪分成腰油、网油、杂油。除去脂肪组织中的水泡、血块、淋巴、毛粪、瘦肉及其他杂物,整形后按类别放入指定容器。

(12)皮:牦牛皮剥离后迅速转移至单独的车间。将皮板面朝上,平整铺放在清洁的平台上,用钝刀或刀背刮去血污、油脂、残肉、韧带、乳腺等。

冷冻防腐。刮油去污后,不经盐腌处理,皮板面向里对叠2~4次,按单个皮张进行塑膜包裹后速冻。

盐腌防腐。刮油去污后,在皮板上均匀擦抹工业盐(用盐量为鲜皮重的35%~50%),然后皮板面相对堆放。此方法要求在24~48 h内进行加工或销售。

(13)毛:统一收集牦牛头、蹄、皮等整理过程中产生的杂毛,经清水浸泡、冲洗除去血、粪等污物,晾干后装入指定容器中,不能堆放。

第三章　牦牛肉品质特性

　　肉品的品质既是肉类食品属性的体现,也是衡量其经济价值的依据,还是消费者选购的评价指标。广义的肉品品质包括营养品质、加工品质、食用品质、卫生品质和动物福利等内容。本章将从牦牛肉的营养品质、加工品质和食用品质等方面阐明牦牛肉的品质特性。

第一节　牦牛肉品营养特性

　　牦牛肉具有"高蛋白、低脂肪"的特点,已得到了广大科研工作者和消费者的认可。本节将通过牦牛屠宰性能,牦牛肉中蛋白质、脂肪、氨基酸、脂肪酸、维生素、矿物质和灰分等营养物质的含量说明牦牛肉的营养特性。

一、牦牛屠宰性能研究

　　屠宰性能是畜禽的主要性能指标之一,净肉率、屠宰率和肉骨比等指标是评价畜禽屠宰性能的重要指标。据相关报道指出,张永辉、李鹏和姬秋梅分别测定了青海大通牦牛(18月龄)、甘南牦牛(3～4岁)及西藏帕里、嘉黎、斯布三大优良类群牦牛(成年牦牛)的产肉性能,对比分析发现牦牛的屠宰率为46.67%～51.00%,净肉率为37.10%～43.02%。而郭淑珍等对比甘南牦牛和鲁西黄牛、秦川牛、安格斯牛、夏洛来牛、西门塔尔牛(4～6岁)的产肉性能时发现,甘南牦牛的屠宰率、净肉率等各屠宰性能均低于其他良种。

　　李升升进一步分析了青海环湖牦牛和斯布牦牛的屠宰性能,详见表3-1所示,结果为环湖牦牛平均屠宰率为58.47%,净肉率为40.04%,肉骨比为3.33:1。这与方雷报道夏季纯放牧条件下4～5岁斯布牦牛的屠宰性能相比,除肉骨比外,在宰前活重、胴体重、净肉重、骨头重、净肉率和屠宰率等方面,环湖牦牛显著优于斯布牦牛,这可能是因为环青海湖地区牧草的生长较西藏拉萨地区墨竹工卡县扎西岗乡斯布村的好,表现为牦牛的生长发育较好,屠宰性能较佳。

表 3-1　环湖牦牛和斯布牦牛的屠宰性能对比

牛种	宰前活重/kg	胴体重/kg	净肉重/kg	骨头重/kg	净肉率/%	屠宰率/%	肉骨比
环湖牦牛	240.04±17.88	140.39±19.07	96.06±10.14	28.81±2.60	40.04	58.47	3.33:1
斯布牦牛	199.27	93.89	70.84	17.13	35.55	47.11	4.14:1

综合来看,牦牛因其生长环境、饲养方式和出栏年龄等差别较大,导致了牦牛的屠宰性能差别较大。整体表现为,生长环境较好的地区牦牛的屠宰性能较好,但较鲁西黄牛、秦川牛、安格斯牛、夏洛来牛、西门塔尔牛等良种牛较差。

二、蛋白质及氨基酸

(一)蛋白质

蛋白质是构成组织和细胞的重要成分,可用于更新和修补组织细胞,同时参与物质代谢及生理功能的调控等。蛋白质的含量和氨基酸的组成是衡量肉品营养品质的重要指标。大量的研究报道表明肉中蛋白质的含量仅次于水分,占20%左右,均为完全蛋白质,且包括人体所必需的所有氨基酸。

针对牦牛肉中蛋白质含量问题的相关报道较多。对于青海牦牛,郭永萍测得青海刚察县牦牛肉蛋白质平均含量为23.3%;张辉测得青海大通犊牦牛和成年牦牛肉蛋白质含量分别为24.1%和27.6%,表明随着年龄的增长,牦牛肉蛋白质会逐渐沉积;侯丽等研究表明,青海青南、环湖、大通的成年牦牛肉的蛋白质含量最低为22.67%,均高于秦川牛肉(22.35%),但差异不显著($P>0.05$);焦小鹿等研究表明,青海牦牛肉蛋白质含量(22.65%)显著高于当地同龄黄牛(20.97%,$P<0.05$);刘海珍对青海各地区牦牛肉品质分析结果显示,青海(果洛、玉树、海西、大通及共和)牦牛肉平均蛋白质含量为22.65%,显著高于当地同龄黄牛肉(20.97%,$P<0.05$)。

对于西藏牦牛,洛桑和姬秋梅等研究表明,藏北牦牛肉蛋白质含量为21.43%;帕里牦牛眼肌平均粗蛋白22.37%,肋肌平均粗蛋白16.43%;嘉黎牦牛眼肌粗蛋白21.86%,肋肌平均粗蛋白20.17%;斯布牦牛眼肌平均粗蛋白22.73%,肋肌平均粗蛋白19.16%,表明牦牛同一个体不同部位的蛋白质含量差异很大。对于甘肃牦牛,李鹏等研究发现,甘南牦牛肉蛋白质含量为23.18%,显著高于甘南当地黄牛肉(20.19%,$P<0.05$)以及安格斯(21.07%)、夏洛来(20.32%)和西门塔尔(21.39%)牛肉;田甲春等研究表明,甘南牦牛肉蛋白质含量

为 22.11%、天祝白牦牛为 21.85%、肃南牦牛为 22.85%，均高于天祝黄牛（20.25%）。对于四川牦牛，邱翔研究发现四川麦洼牦牛肉蛋白质含量最高可达23.31%，显著高于川南、峨边、平武、宣汉黄牛。此外，苏联 Солдатов 等测得北高加索山区牦牛肉（成年）蛋白质含量为 23.0%，高于一般家畜肌肉中蛋白质平均含量（20%）。

在相关的研究中，实验牦牛大都为 3～5 岁的成年牦牛，取样部位以背最长肌为主。通过对比相关的研究结果，可以发现青海地区牦牛肉蛋白质平均含量约为23.77%；西藏地区牦牛蛋白质平均含量约为 21.43%；甘肃地区牦牛肉蛋白质平均含量约为 22.24%；四川地区牦牛肉蛋白质含量约为 21.55%。均高于当地黄牛肉的蛋白质含量，表明牦牛肉的蛋白质含量较高。

侯成立等分析了牦牛不同部位肉的蛋白质含量如表 3-2 所示，可知 9 个不同部位的牦牛肉蛋白质含量为 19.30%～24.20%，其中腹肉蛋白质含量最低，为19.30%，外脊蛋白质含量最高，为 24.20%。

表 3-2　不同部位牦牛肉中的蛋白质含量　　　　　　　　　　　　　%

部位	上脑	里脊	外脊	米龙	臀肉	腱子肉	腹肉	肩肉	胸肉
含量/%	22.50± 1.51^a	22.30± 1.35^a	24.20± 1.13^a	24.10± 0.36^a	22.93± 0.42^a	23.50± 0.56^a	19.30± 0.17^b	24.07± 0.87^a	24.00± 0.10^a

注：不同字母代表差异显著，下同

（二）氨基酸

氨基酸根据其是否能够在体内合成，可分为必需氨基酸（essential amino acid，EAA）和非必需氨基酸（nonessential amino acid，NEAA）。必需氨基酸和非必需氨基酸组成总氨基酸（total amino acid，TAA），蛋白质的营养价值取决于各种氨基酸的含量和比例，尤其是必需氨基酸的含量，肉中氨基酸组成与人体非常接近，因此肉类蛋白营养价值较高。

目前，牦牛肉中氨基酸组成也已有相关研究报道。对青海牦牛来说，侯丽研究表明，青海成年牦牛肉的 TAA 和 EAA 含量略高于秦川牛肉（$P > 0.05$），组成与秦川牛肉相近，但犊牦牛肉的氨基酸含量稍差一些。焦小鹿等研究发现，牦牛肉的TAA 显著高于当地黄牛肉（$P < 0.05$），NEAA 含量极显著高于当地黄牛肉（$P < 0.01$），EAA 含量与当地黄牛肉无显著差异（$P > 0.05$）。刘海珍对青海（果洛、玉树、海西、大通及共和）牦牛肉品质分析结果显示，青海牦牛肉中 TAA 高于当地黄牛（$P < 0.05$），NEAA 总量极显著高于当地黄牛（$P < 0.01$），EAA 高于当地黄

牛,但差异不显著($P>0.05$)。李升升等研究了青海牦牛肉的必需氨基酸组成及含量,表明牦牛肉中总氨基酸的含量为(17.33 ± 0.06)%,EAA/TAA 为 41.30%,EAA/NEAA 为 70.38%,符合 FAO/WHO 推荐的,质量较好的氨基酸其 EAA/TAA 为 40%左右,EAA/NEAA 在 60%以上的组成模式。

对甘肃牦牛,郭淑珍等研究发现,甘南牦牛肉中 18 种氨基酸的总量(total amino acids,TAA)、必需氨基酸和非必需氨基酸含量均高于秦川牛、鲁西黄牛、安格斯牛、夏洛来牛以及西门塔尔牛肉;EAA/TAA 为 38.04%,接近推荐值 40%,EAA/NEAA 为 61.40%,高于推荐值 60%。田甲春等研究表明,牦牛肉的 TAA、EAA、鲜味氨基酸总和均高于天祝黄牛肉。这表明甘肃牦牛氨基酸水平优于其他牛种。胡萍、王存堂和余群力等对甘肃天祝牦牛肉进行了分析,分别测得天祝牦牛肉中 TAA 比当地黄牛高 2.04%、1.6%、11.3%,EAA 比当地黄牛高 0.87%、0.873%、12.9%,EAA/TAA 分别为 37.82%、38.35%和 37.8%,均接近推荐值 40%,且 EAA/NEAA 均高于60%,符合推荐比例。对四川牦牛,邱翔等研究发现,九龙牦牛、麦洼牦牛 EAA/TAA 和 EAA/NEAA 的比值均高于 WHO/FAO 提出的 40%左右和 60%以上的规定,且氨基酸评分高于 4 个黄牛品种。从相关的研究报道,可以得出牦牛肉氨基酸种类、数量丰富,比例适宜,是优质氨基酸的来源。

表 3-3　不同部位牦牛肉中的氨基酸含量　　　　　　　　　　%

项目	上脑	里脊	外脊	米龙	臀肉	腱子肉	腹肉	肩肉	胸肉
天冬氨酸	1.95± 0.08[b]	2.12± 0.21[ab]	2.32± 0.17[a]	2.14± 0.23[ab]	2.10± 0.06[ab]	2.12± 0.09[ab]	1.62± 0.07[c]	2.06± 0.02[ab]	2.20± 0.33[ab]
苏氨酸	0.94± 0.04[b]	1.02± 0.10[ab]	1.13± 0.08[a]	1.03± 0.12[ab]	1.01± 0.04[ab]	1.02± 0.05[ab]	0.79± 0.04[c]	1.00± 0.01[ab]	1.07± 0.16[ab]
丝氨酸	0.80± 0.05[ab]	0.85± 0.09[a]	0.93± 0.06[a]	0.86± 0.10[a]	0.85± 0.03[a]	0.88± 0.04[a]	0.68± 0.04[b]	0.84± 0.02[a]	0.90± 0.14[a]
谷氨酸	3.45± 0.13[a]	3.57± 0.35[a]	3.99± 0.32[a]	3.60± 0.51[a]	3.56± 0.11[a]	3.80± 0.17[a]	2.76± 0.15[b]	3.49± 0.08[a]	3.75± 0.55[a]
甘氨酸	0.86± 0.06	0.91± 0.08	1.01± 0.12	1.01± 0.10	0.92± 0.02	0.97± 0.07	0.83± 0.07[c]	0.98± 0.13	0.99± 0.13
丙氨酸	1.22± 0.06[bc]	1.32± 0.13[ab]	1.43± 0.11[a]	1.35± 0.13[ab]	1.31± 0.04[ab]	1.34± 0.06[ab]	1.05± 0.05[c]	1.30± 0.04[ab]	1.37± 0.19[ab]
缬氨酸	1.02± 0.04[b]	1.13± 0.12[ab]	1.23± 0.09[a]	1.14± 0.09[ab]	1.11± 0.02[ab]	1.09± 0.04[ab]	0.86± 0.03[c]	1.08± 0.01[ab]	1.15± 0.15[ab]

续表 3-3

项目	上脑	里脊	外脊	米龙	臀肉	腱子肉	腹肉	肩肉	胸肉
蛋氨酸	0.57± 0.02[b]	0.63± 0.06[ab]	0.70± 0.05[a]	0.64± 0.09[ab]	0.63± 0.02[ab]	0.61± 0.02[ab]	0.47± 0.02[c]	0.60± 0.01[ab]	0.65± 0.10[ab]
异亮氨酸	0.96± 0.02[b]	1.05± 0.10[ab]	1.17± 0.09[a]	1.06± 0.11[ab]	1.03± 0.02[ab]	1.02± 0.04[ab]	0.79± 0.04[c]	1.01± 0.01[ab]	1.08± 0.14[ab]
亮氨酸	1.77± 0.07[b]	1.92± 0.19[ab]	2.07± 0.14[a]	1.91± 0.21[ab]	1.88± 0.05[ab]	1.92± 0.08[ab]	1.47± 0.06[c]	1.83± 0.02[ab]	1.96± 0.30[ab]
酪氨酸	0.59± 0.04[ab]	0.65± 0.08[a]	0.72± 0.07[a]	0.65± 0.09[a]	0.64± 0.02[ab]	0.65± 0.04[a]	0.52± 0.04[c]	0.61± 0.01[ab]	0.66± 0.11[a]
苯丙氨酸	0.83± 0.04[a]	0.91± 0.10[a]	0.97± 0.07[a]	0.90± 0.10[a]	0.88± 0.02[a]	0.90± 0.04[a]	0.70± 0.03[b]	0.86± 0.01[a]	0.92± 0.13[a]
赖氨酸	1.88± 0.07[b]	2.02± 0.21[ab]	2.22± 0.16[a]	2.04± 0.23[ab]	2.01± 0.05[ab]	2.05± 0.09[ab]	1.56± 0.07[c]	1.96± 0.02[ab]	2.08± 0.31[ab]
组氨酸	0.74± 0.02[cd]	0.89± 0.09[ab]	0.99± 0.05[a]	0.98± 0.02[a]	0.94± 0.04[a]	0.79± 0.03[bc]	0.67± 0.02[d]	0.90± 0.02[ab]	0.95± 0.13[ab]
精氨酸	1.30± 0.07[bc]	1.36± 0.15[ab]	1.53± 0.12[a]	1.41± 0.20[ab]	1.37± 0.06[ab]	1.40± 0.05[ab]	1.10± 0.08[c]	1.33± 0.05[a]	1.45± 0.20[ab]
脯氨酸	1.22± 0.08[ab]	1.27± 0.10[a]	1.40± 0.09[a]	1.31± 0.16[a]	1.24± 0.04[ab]	1.33± 0.06[a]	1.09± 0.08[b]	1.28± 0.09[a]	1.33± 0.15[a]
色氨酸	0.13± 0.01[ab]	0.14± 0.01[a]	0.15± 0.01[a]	0.15± 0.01[a]	0.15± 0.01[a]	0.14± 0.01[a]	0.10± 0.01[c]	0.15± 0.01[a]	0.14± 0.01[a]
胱氨酸	0.29± 0.02[a]	0.29± 0.03[a]	0.30± 0.03[a]	0.30± 0.02[a]	0.27± 0.02[a]	0.31± 0.01[a]	0.22± 0.02[b]	0.30± 0.01[a]	0.28± 0.03[a]
TAA	20.52± 0.91[b]	22.04± 2.19[ab]	24.25± 1.74[a]	22.48± 2.46[ab]	21.88± 0.62[ab]	22.35± 0.94[ab]	17.29± 0.87[c]	21.58± 0.38[ab]	22.94± 3.25[ab]
EAA	8.10± 0.30[b]	8.82± 0.89[ab]	9.63± 0.68[a]	8.88± 0.95[ab]	8.70± 0.21[ab]	8.77± 0.37[ab]	6.75± 0.29[c]	8.49± 0.07[ab]	9.05± 1.30[ab]
EAA/TAA/%	39.45± 0.29[abc]	40.00± 0.10[a]	39.72± 0.31[ab]	39.50± 0.25[abc]	39.76± 0.20[ab]	39.22± 0.29[bc]	39.03± 0.27[c]	39.38± 0.69[abc]	39.47± 0.07[abc]

由表 3-3 不同部位牦牛肉中的氨基酸含量可知,牦牛 9 个不同部位的牦牛肉氨基酸总量存在差异,其含量由大到小依次为外脊>胸肉>米龙>腱子肉>里脊>臀肉>肩肉>上脑>腹肉。腹肉中 TAA 含量显著低于其他部位,这可能与其脂肪含量最高有关。在测定的 18 种氨基酸中,谷氨酸的含量最高,其次是赖氨

酸、天冬氨酸、亮氨酸、精氨酸,这与周恒量对九龙牦牛和孙亚伟等对褐牛的研究结果一致;色氨酸和胱氨酸的含量相比其他种类的氨基酸较低。牦牛肉氨基酸总量为 $17.29 \sim 24.25$ g/100 g,显著高于海南黄牛肉。人体所需 EAA 在不同部位牦牛肉中全部被检测出,9 个不同部位的牦牛肉中 EAA/TAA 为 $39.03\% \sim 40.00\%$,与 FAO/WHO 的推荐值 40% 接近,优于海北牦牛肉和大通牦牛肉的 EAA/TAA(分别为 44.3%、41.4%)。9 个不同部位的牦牛肉 EAA 含量为 $6.75 \sim 9.63$ g/100 g,其中外脊中 EAA 含量最高,为 9.63 g/100 g;上脑和腹肉中 EAA 含量显著低于外脊,分别为 8.10 g/100 g、6.75 g/100 g。组氨酸是小儿生长发育期间的必需氨基酸,外脊、米龙、臀肉中的组氨酸含量显著高于上脑、腱子肉和腹肉;精氨酸是维持婴幼儿生长发育必不可少的氨基酸,其在外脊中的含量最高(1.53 g/100 g),显著高于上脑和腹肉中的含量。

三、脂肪和脂肪酸

(一)脂肪

一般畜禽体内脂肪含量为其体重的 $10\% \sim 20\%$。动物脂肪的主要存在形式是甘油三酯,它是脊椎动物体内最重要的能量来源。动物体内的脂肪根据其存在的位置,可分为皮下脂肪、肌间脂肪和肌内脂肪。其中肌内脂肪是决定肉品品质的重要因素。

肉品脂肪含量是反映肉品品质的重要指标,在有关肉品品质的研究中均有涉及。对于青海牦牛,侯丽、刘海珍、焦小鹿、朱喜艳等做了大量研究,研究表明,青南、环湖、大通的成年牦牛肉脂肪含量最高为 2.25%,低于秦川牛肉($P<0.01$);果洛、玉树、海西、大通及共和地区牦牛肉平均脂肪含量为 2.65%,低于当地同龄黄牛肉含量;青海牦牛肉脂肪含量为 2.65%,比当地同龄黄牛低 0.36%;环湖地区牦牛肉脂肪含量为 4.5%,比日本和牛肉(8.81%)低 50%。郭永萍研究发现青海刚察县草原牦牛肉平均脂肪含量为 2.26%。李升升研究表明,青海牦牛脂肪的含量为(2.27 ± 0.15)$\%$。

对西藏牦牛,洛桑、姬秋梅等研究发现,藏北牦牛脂肪含量为 3.12%;帕里牦牛眼肌平均粗脂肪含量为 2.24%;嘉黎牦牛眼肌平均粗脂肪含量为 2.28%;斯布牦牛眼肌平均粗脂肪含量为 2.85%。对甘肃牦牛,李鹏和牛小莹等对甘南牦牛进行了研究,分别测得其脂肪含量为 3.13%、1.45%,均低于甘南当地同龄黄牛肉(3.62%),显著低于秦川牛(4.53%)、鲁西黄牛(3.64%)、安格斯牛(4.19%)和西门塔尔牛(3.54%);胡萍和余群力等测得天祝牦牛脂肪含量为 1.19%,低于当地黄牛;王存堂测得天祝牦牛肉脂肪含量为 2.23%,显著低于当地黄牛(3.38%,$P<0.01$);田甲春等分析甘肃各地牦牛发现,甘南牦牛、天祝白牦牛和肃南牦牛脂肪含量分别为 1.45%、2.08% 和 2.12%,均低于天祝黄牛(2.53%)。对四川牦牛,邱翔等研究表明,九龙牦牛脂肪含量为 2.84%、麦洼牦牛为 1.66%,均低于峨边(4.27%)、宣汉(6.04%)黄牛,但高于川南(1.14%)、平武黄牛(1.38%)。

综合以上研究结果,可以得出牦牛肉中的脂肪含量相对较低,结合牦牛肉高蛋白的特点,可以说牦牛肉是优质的“高蛋白低脂肪肉”。

另有报道指出,9 个不同部位牦牛肉的脂肪含量为 1.03%～22.47%(表3-4),腹肉中脂肪含量显著高于其他各部位,高达 22.47%,米龙、外脊、臀肉和肩肉中脂肪含量较低,不足 1.5%,上脑中脂肪含量为 6.37%。

表 3-4　不同部位牦牛肉中的脂肪含量

部位	上脑	里脊	外脊	米龙	臀肉	腱子肉	腹肉	肩肉	胸肉
含量/%	6.37± 1.00[b]	3.07± 1.50[c]	1.27± 0.32[d]	1.03± 0.91[d]	1.17± 0.74[d]	1.37± 0.32[cd]	22.47± 1.46[a]	1.43± 0.51[cd]	1.57± 0.91[cd]

(二)脂肪酸

根据其饱和程度,肉类脂肪中包含 20 多种脂肪酸,大致可分为饱和脂肪酸(saturated fatty acid,SFA)、单不饱和脂肪酸(monounsaturated fatty acid,MFA)和多不饱和脂肪酸(polyunsaturated fatty acids,PUFA)。其中多不饱和脂肪酸与人类的健康密切相关,Enser 等研究发现肉类是饮食中多不饱和脂肪酸的重要来源。大量研究表明,牦牛肉中脂肪酸组成比例适宜,含量也较高。

针对青海各地牦牛肉,侯丽、焦小鹿、刘海珍、朱喜艳等做了大量研究,研究表明,大通成年牦牛、环湖地区成年牦牛肉的饱和脂肪酸和单不饱和脂肪酸含量较高,均在 40% 以上,且两种牦牛肉所含饱和脂肪酸及单不饱和脂肪酸差异均不显著($P>0.05$);青南地区成年牦牛肉多不饱和脂肪酸、必需脂肪酸(essential fatty acid,EFA)、多不饱和脂肪酸与饱和脂肪酸比值和 n-3 多不饱和脂肪酸均显著高于秦川牛肉;棕榈酸、EPA 和 n-6/n-3 值均显著低于秦川牛肉;大通成年牦牛肉 PUFA、EFA、n-6 多不饱和脂肪酸和 n-6/n-3 值显著低于秦川牛肉,环湖地区成年牦牛肉中饱和脂肪酸(十五烷酸、十七烷酸)、单不饱和脂肪酸(棕榈油酸)和多不饱和脂肪酸(顺-12,15-十八碳二烯酸)均显著高于秦川牛肉,n-6/n-3 值均显著低于秦川牛肉(9.84);这 3 种牦牛肉的 n-6/n-3 值均比秦川牛肉合理,都在 4.0 左右,其中犊牦牛(6 月龄,取两侧 10～14 肋骨背最长肌)肉的 P:S 值为1.15,符合推荐值;果洛、玉树、海西、大通及共和地区牦牛肉饱和脂肪酸占脂肪总量的百分比与当地黄牛肉无显著差异($P>0.05$)。焦小鹿等研究结果表明,青海牦牛肉脂肪酸含量与当地黄牛肉含量无显著差异($P>0.05$)。朱喜艳等发现,青海环湖牦牛肉主要脂肪酸组成与日本和牛肉相似。此外,丁凤焕对比牦牛、犏牛和黄牛发现,3种牛肉中饱和脂肪酸、单不饱和脂肪酸的含量均无显著差异($P>0.05$);牦牛肉中多不饱和脂肪酸含量低于犏牛,但高于黄牛($P<0.05$);牦牛 P:S 值为0.27,与犏牛和黄牛无显著差异。李升升测定了牦牛肉中的脂肪酸,共检出 10 种脂肪酸,其中饱和脂肪酸 4 种,分别是肉豆蔻酸、棕榈酸、硬脂酸和花生酸;不饱和脂肪酸 6种,其中单不饱和脂肪酸 3 种,分别是肉豆蔻油酸、棕榈油酸、油酸;多不饱和脂肪酸 3 种,分别是亚油酸、α-亚麻酸和二十二碳酸;牦牛肉中 MUFA/SFA 值为 0.78;PUFA/SFA 值为 0.11;n-6/n-3 PUFA 比值为 1.55,远低于 HMSO(UK Department of Health)和我国推荐的人类食品中 n-6/n-3 PUFA 比值最大安全上限4.0;从脂肪酸组成和比例的角度来看,牦牛肉中的脂肪酸具有较高的营养价值。

李鹏等研究表明,天祝牦牛与当地同龄黄牛肉中饱和脂肪酸比例类似,达到总量的 50% 以上;牦牛肉中的单不饱和脂肪酸显著高于当地黄牛,含量达 40% 以上;牦牛肉中的亚油酸和花生四酸含量均显著高于当地黄牛;此外牦牛肉中含有一定量的二十碳五烯酸(ecosapentaenoic acid,EPA)和二十二碳六烯酸(docosahexenoic acid,DHA),而在黄牛肉中未检出;牦牛肉中功能性脂肪酸(n-3 PUFA、n-6 PUFA、共轭亚油酸)总量约为 46%,比当地黄牛肉约高出 8%,除亚麻酸之外其他功能性脂肪酸都显著高于当地黄牛肉。王存堂测得天祝牦牛饱和脂肪酸和单不饱和脂肪酸含量分别为 50.20%、41.58%,与当地黄牛相比,差异不显著($P>0.05$);多不饱和脂肪酸含量为 7.84%,显著高于当地黄牛($P<0.05$),且EPA 和 DHA 在白牦牛中有检出,而黄牛中未检出;多不饱和脂肪酸与饱和脂肪酸的比例(P:S)为 0.16,与当地黄牛相当($P>0.05$)。田甲春等分析甘肃各地牦牛发现牦牛的饱和脂肪酸含量显著低于天祝黄牛,多不饱和脂肪酸和单不饱和脂肪酸含量显著高于天祝黄牛。以上研究均显示,甘肃各地牦牛肉多不饱和脂肪酸含量较高。综上所述,牦牛肉多不饱和脂肪酸和必需脂肪酸含量丰富(高于当地黄牛),n-6/n-3比例合理,但饱和脂肪酸含量较高,P:S 比例偏小,是优质的脂肪酸来源。

9 个不同部位的牦牛肉脂肪酸总量存在差异(表 3-5),其脂肪酸总量依次为:腹肉＞上脑＞里脊＞臀肉＞外脊＞胸肉＞肩肉＞腱子肉＞米龙。在检测到的脂肪酸中,油酸、棕榈酸和硬脂酸含量较高,其中腹肉中的上述 3 种脂肪酸含量均为最高,其次为上脑。SFA 中棕榈酸(C16:0)和硬脂酸(C18:0)含量最高,二者总含量约占 TFA 含量的 40％左右,这与牛珺等对青海高原牦牛的研究结果较为一致。

表 3-5　不同部位牦牛肉中的脂肪酸含量　　　　　　　　％

项目	上脑	里脊	外脊	米龙	臀肉	腱子肉	腹肉	肩肉	胸肉
肉豆蔻酸 ($C_{14:0}$)	0.12± 0.02[b]	0.06± 0.03[c]	0.04± 0.01[cd]	0.01± 0.01[d]	0.04± 0.01[cd]	0.01± 0.00[d]	0.50± 0.03[a]	0.02± 0.01[cd]	0.03± 0.02[cd]
棕榈酸 ($C_{16:0}$)	1.42± 0.26[b]	0.69± 0.29[c]	0.44± 0.15[cd]	0.21± 0.04[d]	0.52± 0.02[cd]	0.20± 0.02[d]	5.02± 0.14[a]	0.27± 0.11[d]	0.35± 0.13[d]
棕榈油酸 ($C_{16:1}$)	0.25± 0.01[b]	0.11± 0.04[c]	0.09± 0.03[c]	0.04± 0.01[c]	0.10± 0.01[c]	0.05± 0.01[c]	0.80± 0.16[a]	0.06± 0.03[c]	0.10± 0.04[c]
珠光脂酸 ($C_{17:0}$)	0.07± 0.01[b]	0.03± 0.01[bc]	0.02± 0.01[c]	0.01± 0.00[c]	0.02± 0.00[c]	0.01± 0.00[c]	0.27± 0.05[a]	0.01± 0.01[c]	0.01± 0.01[c]
顺-10-十七碳一烯酸($C_{17:1}$)	0.05± 0.01[b]	0.03± 0.01[c]	0.02± 0.01[c]	0.01± 0.00[c]	0.02± 0.00[c]	0.01± 0.00[c]	0.16± 0.04[a]	0.01± 0.00[c]	0.02± 0.01[c]
硬脂酸 ($C_{18:0}$)	1.26± 0.38[b]	0.63± 0.32[c]	0.32± 0.12[c]	0.16± 0.02[c]	0.41± 0.03[c]	0.17± 0.01[c]	5.05± 0.52[a]	0.21± 0.007[c]	0.30± 0.13[c]
反油酸 ($C_{18:1\,n-9t}$)	0.37± 0.04[b]	0.10± 0.05[b]	0.06± 0.03[b]	0.02± 0.01[b]	0.07± 0.03[b]	0.01± 0.01[b]	1.02± 0.54[a]	0.03± 0.00[b]	0.04± 0.02[b]
油酸 ($C_{18:1\,n-9c}$)	2.73± 0.54[b]	1.18± 0.52[c]	0.76± 0.25[cd]	0.34± 0.06[d]	0.90± 0.08[cd]	0.46± 0.03[cd]	8.79± 0.45[a]	0.50± 0.26[d]	0.78± 0.37[cd]
亚油酸 ($C_{18:2\,n-6c}$)	0.34± 0.08[b]	0.23± 0.03[bc]	0.20± 0.08[c]	0.18± 0.05[c]	0.21± 0.03[c]	—	0.82± 0.12[a]	0.16± 0.02[c]	0.16± 0.02[c]
α-亚麻酸 ($C_{18:3\,n-3}$)	0.02± 0.00[b]	0.01± 0.00[c]	0.01± 0.01[d]	0.01± 0.00[cd]	0.01± 0.00[cd]	0.01± 0.00[c]	0.06± 0.00[a]	0.01± 0.00[c]	0.01± 0.00[cd]
花生四烯酸 ($C_{20:4\,n-6}$)	0.07± 0.02	0.06± 0.01	0.06± 0.02	0.07± 0.02	0.07± 0.01	0.08± 0.01	0.08± 0.01	0.06± 0.01	0.07± 0.01
SFA	2.93± 0.73[b]	1.44± 0.75[c]	0.81± 0.33[cd]	0.39± 0.07[d]	1.00± 0.03[cd]	0.40± 0.05[d]	11.07± 0.19[a]	0.52± 0.24[d]	0.70± 0.32[d]
MUFA	3.20± 0.57[b]	1.43± 0.67[c]	0.94± 0.35[cd]	0.41± 0.08[d]	1.10± 0.04[cd]	0.53± 0.05[cd]	10.88± 0.76[a]	0.60± 0.35[cd]	0.95± 0.50[cd]
PUFA	0.42± 0.15[b]	0.32± 0.04[bc]	0.28± 0.12[bc]	0.28± 0.08[bc]	0.31± 0.04[bc]	0.27± 0.04[bc]	0.98± 0.13[a]	0.25± 0.03[c]	0.25± 0.01[bc]

续表 3-5

项目	上脑	里脊	外脊	米龙	臀肉	腱子肉	腹肉	肩肉	胸肉
n-6/n-3	11.56± 1.77[ab]	10.96± 0.93[ab]	11.91± 2.45[ab]	10.52± 2.65[a]	11.14± 2.01[ab]	14.79± 3.63[a]	11.43± 1.77[ab]	10.42± 0.78[ab]	9.87± 1.78[b]
PUFA/SFA	0.15± 0.06[de]	0.27± 0.15[cde]	0.37± 0.15[cde]	0.74± 0.22[a]	0.31± 0.05[cde]	0.69± 0.09[ab]	0.09± 0.01[e]	0.55± 0.32[abc]	0.42± 0.20[bcd]
TFA	6.55± 1.20[b]	3.18± 1.30[c]	2.04± 0.68[cd]	1.07± 0.16[d]	2.41± 0.06[cd]	1.21± 0.12[d]	22.93± 0.70[a]	1.36± 0.47[d]	1.90± 0.73[cd]

有报道指出 MUFA 对人体健康有着积极影响,具有降低胆固醇和低密度脂蛋白的功能,油酸(C18：1)是牦牛肉中含量较高的 MUFA,腹肉中的油酸含量高达 8.79 g/100 g,上脑中油酸含量为 2.73 g/100 g,显著高于其他部位肉($P<0.05$)。PUFA 能增加蒸煮时产生的香味,并在某种程度上反映肉的多汁性,腹肉中的 PUFA 含量显著高于其他各部位肉。另外,牦牛肉中也检测到二十二碳六烯酸(docosahexenoic acid,DHA)、二十碳五烯酸(eicosapentaenoic acid,EPA)等n-3脂肪酸,但含量均低于 0.01 g/100 g。

9 个不同部位的牦牛肉 PUFA 中,包括 n-3 系列的 α-亚麻酸和 n-6 系列的亚油酸、花生四烯酸。n-3 和 n-6 系列 PUFA 均属于必需脂肪酸,在人体不能自行合成,需要从膳食中获取。当今,随着人们生活水平的提高,饮食中 n-6 系列 PUFA 通常是过量的,而 n-3 系列的 PUFA 严重不足,因此 n-6/n-3 的平衡成为最受关注的问题。肉制品 PUFA 中 n-6/n-3 比值与各种疾病的发病率呈正相关。英国卫生部推荐 n-6/n-3 比值的最大安全上限为 4.0,中国营养学会提出膳食中 n-6/n-3 的最佳比值为 4.0~6.0,而本研究中不同部位牦牛肉的 n-6/n-3 比值为 9.87~14.79,高于推荐范围,并且也高于周恒量等对九龙牦牛的研究结果。这可能与牦牛的品种、年龄、营养及环境等因素不同有关。由于牦牛肉中的脂肪含量较低,因此不会引起健康问题。

四、维生素

维生素是生物体所需要的微量营养成分,一般无法由生物体自己合成,需要通过饮食等途径来获取。动物对维生素的需要量很少,但如果缺乏或过量,都会引起不良症状。肉中的维生素主要有维生素 A、维生素 B_1、维生素 B_2、维生素 C、维生素 D、烟酸、叶酸等。不同畜禽种类的肉类中维生素含量有所不同。刘海珍等研究发现,青海牦牛肉中维生素 A、维生素 D 含量极显著高于当地同龄黄牛($P<$0.01),维生素 E 含量显著高于当地同龄黄牛($P<0.05$)。但谢荣清等却发现各

年龄段的麦洼牦牛肉中均未检出维生素 D。此外刘勇将成年牦牛与犊牦牛比较发现,犊牦牛维生素 B_1 含量显著高于成年牦牛,维生素 B_2 含量极显著高于成年牦牛。

五、矿物质及灰分

矿物质又称无机盐,是自然存在于地壳中的化合物或天然元素,也是构成人体组织和维持正常生理功能必需的各种元素的总称,是人体必需的七大营养素之一。矿物质和维生素一样,是人体必需的元素,矿物质是无法自身产生、合成的。

矿物质在肉中的含量约为 1.5%,这些无机物在肉中通常以单独游离状态、螯合状态及与糖蛋白或酯结合的方式存在,主要包括 Na、K、Mg、Ca、Fe、Mn、Zn 等。目前,关于牦牛肉中矿物质的研究已有报道。对于青海牦牛,朱喜艳对比青海牦牛和日本和牛发现,青海湖、湟源、门源地区牦牛肉 Fe 的含量(105.7 mg/g)为日本和牛肉(60.5 mg/g)的 2 倍,Mn 含量为日本和牛肉的 5~8 倍;干燥牦牛肉样品中 Se 的平均含量为 47 ng/g,而日本和牛肉中 Se 的平均含量为 179 ng/g。此外,刘勇对比犊牦牛和成年牦牛发现,青海大通犊牦牛肉中 Ca、Se 含量显著高于成年牦牛($P<0.05$),Fe、Zn 含量低于成年牦牛($P<0.05$)。刘海珍分析表明青海各地牦牛肉中平均灰分含量与当地黄牛差异不显著($P>0.05$),但 Mg、Zn、Mn 含量较高,尤其 Zn 含量极显著高于当地黄牛肉含量($P<0.01$),此外,牦牛肉 Se 含量(0.44 mg/kg)比当地黄牛(0.47 mg/kg)低,但差异不显著($P>0.05$)。

对于甘肃牦牛,李鹏等研究发现,甘南牦牛肉灰分含量(1.08%)显著高于当地黄牛(0.96%),这表明牦牛肉矿物质总量较高。胡萍等测得天祝牦牛 Fe 含量为 37.3 mg/100 g,明显高于当地同龄黄牛肉($P<0.01$)。牛小莹等研究表明,甘南牦牛肉中灰分含量为 1.04%,和鲁西黄牛肉、西门塔尔牛肉含量相同,比秦川牛高 0.03%,比安格斯和夏洛来牛分别低 0.32%、2.80%;Fe 含量为 38.20 mg/100 g,比秦川牛肉、鲁西黄牛肉和安格斯牛肉分别高 12.61、18.51、33.06 mg/100 g。田甲春等测得天祝牦牛肉中灰分含量为 1.09%,显著高于天祝黄牛肉($P<0.05$);K、Ca、Fe、Zn、Mg 的含量均高于天祝黄牛肉;Mn、Cu 含量和天祝黄牛肉之间没有显著差别。王存堂研究表明天祝牦牛肉中灰分含量为 1.16%,显著高于当地黄牛($P<0.01$);Ca、P 含量与当地黄牛相当($P>0.05$);Fe 含量比当地黄牛高($P<0.01$);Cu、Zn 含量均高于当地黄牛($P<0.05$)。余群力等测得天祝牦牛肉中灰分含量为 1.07%,与当地黄牛相当;Ca、P、Zn、Mg、Mn 等元素含量与当地黄牛肉中含量基本相同,但牦牛肉中 Fe 含量比当地黄牛肉高 26.0%。

对于四川牦牛,邱翔等研究发现,麦洼牦牛肉中灰分含量为 1.03%,低于峨边、川南、宣汉黄牛肉,但高于平武黄牛,麦洼牦牛肉 Ca 含量高于峨边、川南、平武、宣汉黄牛肉($P<0.05$),Fe、Zn 和 Mn 元素含量高于当地黄牛肉($P<0.01$)。

综合来看,牦牛肉中的 Fe 含量较高,显著高于当地其他牛。这主要是因为牦牛为适应高海拔缺氧的生活环境,体内含有大量肌红蛋白以贮存 O_2,而肌红蛋白是含 Fe 蛋白质。此外多种牦牛中 Zn、Ca 含量也高于其各自当地牛种;青海牦牛肉中硒含量均显著低于青海当地黄牛和日本和牛肉,这可能是因为青藏高原本身就是缺硒地区,导致牦牛摄入硒不足造成的。

第二节　牦牛肉品加工特性

牦牛常年生活在高海拔的青藏高原地区,具有极强的环境适应性和抗逆性。因牦牛以自然放牧为主,常年以天然牧草为食,使牦牛肉成为具有高蛋白、低脂肪、高血红蛋白和富含多种矿物元素、氨基酸的优质天然绿色食品。但同时牦牛肉也存在肌纤维较粗,嫩度和口感都较普通牛肉差的弊端,这也成为制约我国牦牛肉精深加工和产业升级的主要因素。

肉品的品质既是肉品属性的体现,也是衡量其经济价值的依据,还是消费者选购的评价指标。狭义的肉品品质主要是色泽、保水性和嫩度等。其中色泽,是决定消费者购买欲望的重要因素;保水性是肌肉保持自身水分和外加水分的能力,汁液流失、蒸煮损失和加压系水力等是衡量肌肉保水性能的主要指标,保水性直接影响肉品的出品率;嫩度反映肉的质地的优劣和易嚼程度,是消费者评判肉质优劣的最常用指标。

一、肉色

色泽是反映肉品鲜度和卫生的重要指标。肉色是由肌肉中肌红蛋白和血红蛋白的含量与状态所决定的,受宰前环境、宰后放血程度以及肌肉脂肪含量等因素的影响。肌肉肉色的差异主要是肌肉中肌红蛋白含量不同而引起的,而肌红蛋白的含量与动物宰前组织活动状态、种类、年龄等因素密切相关。肉品在储藏、加工中会发生色泽的变化,这主要与肌肉肌红蛋白的氧化程度相关,脱氧的肌红蛋白(DMb)为紫红色、氧合肌红蛋白(OMb)为鲜红色、高铁肌红蛋白(MMb)为褐色,肌肉的色泽就是 DMb、OMb 和 MMb 这 3 种肌红蛋白的相对含量所决定的。

刘海珍研究了青海各地区牦牛肉的品质特性,结果显示,果洛、玉树、海西、大通及共和地区牦牛肉肌红蛋白含量均高于当地同龄黄牛($P<0.01$),故牦牛肉肉色较当地黄牛深。来得财等对青海海西州牦牛、当地黄牛、当地秦川牛和当地西门

塔尔牛的食用品质进行了对比研究,青海牦牛肉肉色得分为 4.3 分,比当地黄牛肉、秦川牛肉和西门塔尔牛肉分别高 0.5 分、0.3 分、0.3 分,适宜的肉色得分应在 3～4 之间,当地黄牛肉、秦川牛肉和西门塔尔牛肉肉色均在正常值范围内,而牦牛肉的肉色较深。

由于牦牛生长在高海拔、空气稀薄地区,使得决定肉色的肌红蛋白、血红蛋白含量较高,导致牦牛肉色泽较深,这是牦牛肉区别于其他肉类的一个显著特点。

二、保水性

肌肉的保水性,是肌肉保持自身水分和外加水分的能力。汁液流失、蒸煮损失和加压系水力等是衡量肌肉保水性能的主要指标。影响肌肉保水性的主要因素包括宰前因素、宰后因素和加工条件。宰前因素主要是动物品种、年龄、运输条件、宰前静养等;宰后因素有胴体贮藏条件、成熟时间、pH 的变化、内源酶活性等;加工条件主要包括腌制、斩拌、滚揉、熟制、烘干、包装等。其中加工条件对肌肉保水性的影响最大,因为加工过程引起了肌肉细胞、肌纤维和结缔组织状态的变化,进而影响了肌肉蛋白的保水性。

来得财等研究表明青海牦牛肉系水率为 65.31%,比当地黄牛肉低 2.49%,比秦川牛肉和西门塔尔牛肉分别高 11.4%、4.22%;青海牦牛肉的熟肉率为 55.22%,比当地黄牛肉、秦川牛肉和西门塔尔牛肉分别低 1.95%、9.23%、3.04%。刘海珍研究表明牦牛肉失水率比当地黄牛高 1.08%,相应的牦牛肉系水率比当地黄牛肉低 2.49%,但两品种间失水率和系水率差异不显著($P>0.05$)。刘子溱等测定了青海大通犊牦牛肉和成年牦牛肉的食用品质,他们发现犊牦牛肉的失水率、熟肉率均低于成年牦牛肉。郭淑珍等对甘南牦牛肉与鲁西黄牛肉、秦川牛肉、安格斯牛肉、夏洛来牛肉、西门达尔牛肉的食用品质进行了对比分析,结果表明,甘南牦牛肉系水率为 57.19%,比安格斯牛肉、西门塔尔牛肉分别低 3.34%、3.90%,比秦川牛肉和鲁西黄牛肉分别高 3.28%、3.37%;甘南牦牛熟肉率为 69.79%,除比安格斯牛肉低之外,均高于秦川牛肉、鲁西黄牛肉及西门塔尔牛肉。

牦牛肉的保水性与其他良种牛相比处于中等水平,而其熟肉率较高,表明牦牛肉的出品率较高,对于牦牛肉制品的加工来说,熟肉率高有利于产品产量的提高。此外,研究表明,年龄与保水性密切相关,犊牦牛肉系水力高于成年牦牛肉,而熟肉率低于成年牦牛肉。

三、嫩度

嫩度是评价肉品品质的重要指标,衡量肉品嫩度的主要指标有剪切力值、质构和感官评价。肌肉的嫩度受宰前状态、管理和宰后处理等多种因素的影响,其中宰前因素主要有动物的种类、品种、性别、年龄、使役情况、肉的组织状态、结缔组织构成、饲养管理等;宰后因素主要有成熟、热加工、冷加工和 pH 变化等。Miller 等将剪切力值小于 3.0 kg/cm² 的肉定义为嫩肉,将 3.0~4.6 kg/cm² 的肉定义为中等嫩肉,将大于 4.6 kg/cm² 的肉定义为老肉。

侯丽等测定了青海青南牦牛和环湖牦牛的剪切力值分别为 12.92 kg/cm²、9.72 kg/cm²;李升升等测定了青海环湖牦牛的剪切力为(7.57±0.80)kg/cm²;洛桑分析表明西藏藏北牦牛的剪切力值为 4.85 kg/cm²;王存堂等测定了甘肃天祝白牦牛的剪切力值为 4.19 kg/cm²。肉的嫩度受年龄影响较大,罗毅浩和侯丽测定了大通成年牦牛肉和犊牦牛肉的剪切力值分别为 4.13 kg/cm² 和 3.42 kg/cm²,均低于 4.6 kg/cm²。此外,来得财等测定牦牛肉的剪切力值为 4.87 kg/cm²,比秦川牛肉高 0.31 kg/cm²,比当地黄牛肉和西门塔尔牛肉分别高 0.26 kg/cm²、0.38 kg/cm²,说明牦牛肉嫩度低于秦川牛肉、当地黄牛肉和西门塔尔牛肉。

若按照 Miller 的分类方法,各种牦牛肉均属于中等偏老的肉。这也与大多数研究者的研究结论一致。表明牦牛肉剪切力较大,属于中等偏老的肉,这是牦牛肉的一个显著特点。这对牦牛肉的产品精深加工有重要的影响。

第三节　牦牛肉的品质特性评价

当前,肉品的精细分割是肉品提质增效的主要途径。因此,结合肉品的品质特征,对肉品进行品质评价将为肉品分割提供理论依据。李升升等结合牦牛肉的色差、嫩度和持水力等指标,采用主成分和聚类分析对牦牛部位肉进行了品质评价,为牦牛肉的精细分割提供了技术参考。

一、牦牛部位肉的品质特征

牦牛 17 个部位肉品质特征如表 3-6 所示,对牦牛 17 个部位肉的色度、持水能力、剪切力指标采用 S-N-K 法进行多重比较,结果表明各指标均达到极显著差异($P<0.01$)。从 L^* 值和剪切力的角度看各部位肉可分为 7 个组;从失水率来看可分为 4 个组;从 b^* 值来看可分为 3 个组;从 a^* 值和蒸煮损失来看可分为 2 个组。

表 3-6 牦牛各部位肉品质特性

部位	指标					
	L^* 值	a^* 值	b^* 值	失水率/%	蒸煮损失/%	剪切力/N
板腱	28.84± 0.40[A]	24.91± 2.36[B]	11.59± 1.32[ABC]	24.88± 1.73[AB]	23.63± 2.53[AB]	7.14± 1.27[CDEF]
前腱	30.13± 0.74[ABC]	18.77± 2.92[AB]	10.33± 1.23[ABC]	25.92± 2.52[ABC]	23.21± 4.13[AB]	8.13± 1.19[EFG]
牛蹍	30.37± 0.46A[BCD]	17.75± 0.62[A]	11.07± 1.39[ABC]	23.74± 1.84[A]	22.56± 4.10[A]	5.40± 0.71[ABCD]
霖肉	29.71± 0.91[AB]	18.70± 4.58[AB]	10.66± 1.66[ABC]	30.18± 1.14[CD]	31.29± 1.11[AB]	5.51± 1.38[ABCD]
脖肉	33.18± 0.55[E]	19.94± 1.48[AB]	12.52± 0.09[BC]	25.36± 1.49[AB]	25.51± 3.78[AB]	7.04± 0.82[CDEF]
针扒	30.61± 0.32[BCD]	20.44± 1.86[AB]	10.69± 1.45[ABC]	28.66± 2.28[BCD]	27.92± 1.53[AB]	6.74± 0.41[BCDE]
黄瓜条	36.79± 0.91[F]	24.48± 1.32[B]	13.29± 1.89[BC]	31.76± 1.39[D]	28.50± 2.76[AB]	4.76± 0.40[AB]
眼肉	30.40± 1.24[ABCD]	17.88± 1.94[A]	9.13± 0.93[AB]	24.91± 1.47[AB]	27.17± 4.50[AB]	8.93± 2.53[FG]
西冷	30.53± 0.54[BCD]	17.83± 2.86[A]	13.99± 0.35[C]	29.89± 1.78[CD]	29.60± 2.29[AB]	9.24± 2.44[G]
上脑	32.91± 0.98[E]	21.49± 2.03[AB]	11.40± 1.84[ABC]	31.77± 1.94[D]	30.42± 3.16[AB]	7.58± 2.98[DEFG]
里脊	30.65± 0.42[BCD]	21.23± 2.54[AB]	11.95± 1.73[ABC]	33.23± 2.19[D]	32.77± 2.81[B]	3.78± 0.22[A]
三角肌	31.32± 0.20[BCD]	17.32± 1.79[A]	12.51± 1.00[BC]	30.18± 1.56[CD]	28.21± 2.54[AB]	4.69± 0.57[AB]
烩扒	31.76± 0.27[CDE]	20.98± 0.72[AB]	9.98± 1.16[ABC]	30.62± 1.66[D]	29.76± 4.03[AB]	6.41± 1.48[BCDE]
辣椒条	32.08± 0.28[DE]	23.73± 1.39[AB]	8.02± 2.27[A]	32.89± 0.37[D]	30.68± 4.07[AB]	5.66± 1.76[ABCD]

续表 3-6

部位	指标					
	L^* 值	a^* 值	b^* 值	失水率/%	蒸煮损失/%	剪切力/N
金钱腱	33.16± 0.12^E	21.46± 3.41^{AB}	11.25± 0.54^{ABC}	28.32± 1.05^{BCD}	22.08± 2.72^A	5.18± 0.66^{ABC}
尾龙扒	31.25± 0.74^{BCD}	20.62± 0.52^{AB}	13.20± 1.63^{BC}	31.23± 1.64^D	26.45± 3.13^{AB}	4.05± 2.05^A
牛腩	40.42± 1.06^G	21.07± 0.84^{AB}	13.18± 1.75^{BC}	24.52± 2.61^{AB}	25.26± 3.39^{AB}	7.32± 0.52^{CDEFG}
p 值	<0.001	0.002	0.001	<0.001	0.003	<0.001
显著性	**	**	**	**	**	**

注：** 差异极显著（$P<0.01$）；* 差异显著（$P<0.05$）。

二、牦牛部位肉的主成分分析

对牦牛 17 个部位肉的 6 项品质指标进行主成分分析，结果见表 3-7。从表中可见，在本试验中的第一主成分方差贡献率仅为 35.11%，不足以概括大部分信息，所以不能只提取第一主成分。参考国内外学者的分析方法选择累积方差贡献率不低于某一阈值来确定主成分数目，本试验考察特征值 $\lambda \geqslant 1$ 的主成分，提取 3 个主成分因子其累计贡献率达 76.87%，综合了牦牛部位肉的大部分信息。

表 3-7 主成分分析解释总变量 %

主成分因子	特征值	贡献率	累计贡献率
PC_1	2.11	35.11	35.11
PC_2	1.51	25.13	60.24
PC_3	1.00	16.63	76.87
PC_4	0.82	13.58	90.45
PC_5	0.45	7.54	97.99
PC_6	0.12	2.01	100.00

主成分的载荷矩阵旋转之后载荷系数更接近 1 或者更接近 0，这样得到的主成分能够更好地解释和命名变量。由表 3-8 可知主成分 PC_1、PC_2 和 PC_3 的模型表达式为：

$$PC_1 = 0.04X_1 + 0.21X_2 + 0.014X_3 + 0.448X_4 + 0.37X_5 - 0.301X_6$$

$$PC_2 = 0.552X_1 + 0.282X_2 + 0.447X_3 - 0.097X_4 - 0.229X_5 - 0.135X_6$$

$$PC_3 = -0.029X_1 - 0.706X_2 + 0.649X_3 + 0.121X_4 + 0.258X_5 + 0.029X_6$$

第一主成分 PC_1 主要综合了失水率、蒸煮损失和剪切力的信息,其中失水率和蒸煮损失反映牦牛肉持水性的指标在第一主成分上呈正向分布,剪切力呈负向分布,即在 PC_1 坐标正向,PC_1 越大,牦牛肉的失水率和蒸煮损失越大,剪切力越小,PC_1 可命名为适口性指标。第二主成分 PC_2 主要综合了 L^* 值和 b^* 值的信息,L^* 值代表了亮暗,L^* 值为正向指标,即在 PC_2 正向坐标上值越大,L^* 值越大,牦牛肉色越亮,PC_2 可命名为亮度指标。第三主成分 PC_3 主要综合了 a^* 值,a^* 值代表了红绿颜色,a^* 值为负向指标,即在 PC_3 负向坐标上值越大,a^* 值越大,牦牛肉颜色越红,PC_3 可命名为红度指标。PC_2 和 PC_3 也可综合称为色度指标。

表 3-8 主成分分析旋转后的成分载荷矩阵

项目	主成分因子载荷		
	PC_1	PC_2	PC_3
L^* 值	0.083	0.832	-0.029
a^* 值	0.443	0.425	-0.704
b^* 值	0.029	0.673	0.647
失水率	0.945	-0.146	0.120
蒸煮损失	0.779	-0.345	0.258
剪切力	-0.635	-0.204	0.029

第一主成分 PC_1、第二主成分 PC_2 分别包含了原来信息量的 35.11% 和 25.13%。研究者普遍采用 PCA 得分图反映样品与指标间的关系,由图 3-1 能够直观地看出里脊的 PC_1 得分为 -0.18,其他部位肉的 PC_1 得分范围在 0.07~0.81 之间,这与里脊肉和其他肉相比剪切力最小、失水率和蒸煮损失最大是一致的;前腱、牛踺和眼肉的 PC_2 得分范围在 -0.02~-0.09 之间,均为负值,而其他部位肉块的 PC_2 得分范围在 0.19~0.82 之间,均为正值,这与前腱、牛踺和眼肉的 L^* 值和 b^* 值的指标非常接近是一致的;辣椒条和烩扒的 PC_3 得分分别为 -0.53 和 -0.01,而其他部位肉的 PC_3 得分范围在 0.02~0.72 之间,辣椒条的 PC_3 值与烩扒的 PC_3 值相比相差很大,表明 PC_3 可明显地将辣椒条与其他肉分开。

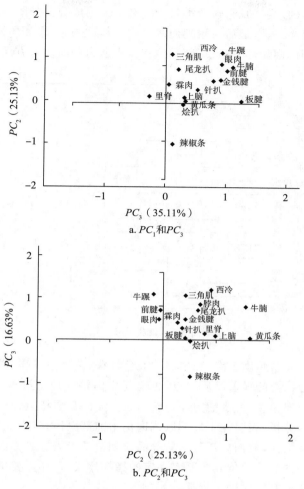

图 3-1 主成分因子得分

三、牦牛部位肉的聚类分析

对牦牛 17 个部位肉采用中位数聚类法进行系统聚类分析。从图 3-2 来看，当类间距离为 15 时，17 个样品分为五类。第一类聚集了前腱、眼肉、牛蹢、针扒、金钱腱、脖肉、三角肌、尾龙扒、西冷 9 个样品，这一类聚集了亮度值相近的一类肉，这与 PC_1 和 PC_3 的主成分得分图基本一致；第二类聚集了板腱、上脑、烩扒、霖肉、里脊、黄瓜条 6 个样品，这一类聚集了持水能力和剪切力相近的一类肉，同时也是主要来自牦牛胴体的后躯的肉,这两类与 PC_2 和 PC_3 主成分得分图一致。牛腩、板腱和辣椒条各自聚为一类,最后又聚到前两类中。整体来看,聚类的结果就是把各部位肉分为前后胴体两大部分,且后部胴体在持水能力和剪切力方面优于前部胴体。

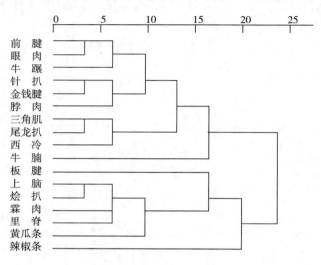

图 3-2　聚类分析图

从牦牛肉的品质角度来看,牦牛肉的颜色较深,熟肉率较高,嫩度较差,这是牦牛肉区别于其他肉类的显著品质特点,也是牦牛肉精深加工过程中应重点考虑的问题。结合部位肉色度、持水能力和剪切力三方面的品质特点,对牦牛肉进行了聚类分析和主成分分析,表明牦牛后部胴体肉优于前部胴体,这为牦牛肉品的分割和开发提供了理论支持,然而并没有从营养品质和消费者偏好等方面进行分析,虽然对于牦牛部位肉的品质评价和分割有一定的指导意义,但还需要更深入地研究,为牦牛肉的精细化分割提供理论依据。

第四章　牦牛肉品质形成机理

　　牦牛是属于牛科(Bovidae)牛属(Bos)牦牛种(B. grunniens)的动物,国内外学者对牦牛肉的评价是"肉色深红、肌纤维粗、嫩度较差",可见与牛肉相比,牦牛肉还有其显著的特点,为此,结合当前国内外对牛肉品质形成机制的研究进展和对牦牛肉品质形成机制的研究,重点对牦牛肉的肉色、嫩度和保水性形成机制进行阐述,旨在明确牦牛肉的品质形成机制,为牦牛肉的精深加工提供理论依据。

第一节　牦牛肉色

　　宰后成熟过程是改善牦牛肉嫩度、口感及风味的重要途径。但是成熟过程往往伴随着肉色劣变。肉色虽然不直接反映牦牛肉营养价值、风味特性以及安全性,但对肉的商品价值起着决定作用,直接影响消费者的购买意愿。

一、肉色的形成机制

　　牦牛肉的颜色取决于肌红蛋白和血红蛋白,后者主要存在于血液中,放血屠宰时随血液流失,因此肌红蛋白决定了肉的颜色。肌红蛋白主要存在于肌肉组织的肌浆中,含量为 $0.2\% \sim 2.0\%$,等电点为 6.78。肌红蛋白是一种水溶性金属蛋白,分子质量约为 16.7 kDa,含 153 个氨基酸残基,由一个多肽链组成的珠蛋白和一个血红素辅基构成。血红素辅基处于蛋白疏水结构的内部,由四个吡咯类亚基组成一个环,环中心为一个铁离子,铁离子有六个配位键,其中四个连接吡咯,一个与附近的组氨酸连接,另外一个可以与 O_2、H_2O、NO 和 CO 等不同的分子结合(图 4-1)。当铁离子为 +2 价,配位键结合 O_2 时,为鲜红色的氧合肌红蛋白(Oxy-myoglobin,OMb),是消费者喜欢的

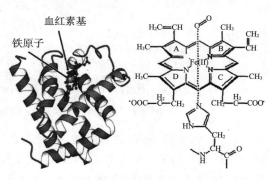

血红素基
铁原子

图 4-1　肌红蛋白及血红素辅基的结构示意图

65

颜色;但是＋2价铁离子不稳定,容易氧化为＋3价,变成褐色的高铁肌红蛋白(Metmyoglobin,MMb),是消费者不能接受的颜色;当铁离子配位键不连接其他分子并且为＋2价时,为脱氧肌红蛋白(Deoxymyoglobin,DMb),这种氧化状态的肌红蛋白为紫红色。由此可见,血红素辅基中铁离子价态与结合的配位键种类决定肌肉的颜色。

二、肌红蛋白氧化还原过程对肉色的影响

肌肉中的肌红蛋白主要有 OMb、MMb 和 DMb 3 种氧化状态,并且不会以单一的氧化状态存在,不同氧化状态的相对含量决定了肉色。当牛肉处于消费者所喜欢的鲜红色时,OMb 相对含量占据主要地位。由于肌红蛋白的不同氧化状态在一定条件下可以相互转变,因此也导致牛肉表现出不同的颜色。不同氧化状态的肌红蛋白通过氧化还原反应相互转变(图 4-2)。

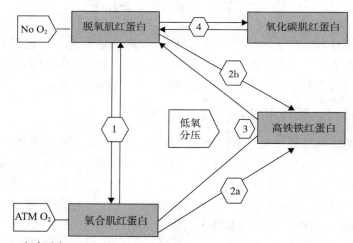

1 (氧合反应): DMb+ $O_2 \rightarrow$ OMD
2a (氧化作用): OMb + [耗氧或低氧分压] – $e^2 \rightarrow$ MMb
2b (氧化作用): [DMb – 羟基离子 – 氢离子络合物] + $O_2 \rightarrow$ MMb + O_2·
3 (还原反应): MMb + 耗氧 + 肌红蛋白还原活性 $\rightarrow$ DMb
4 (碳氧肌红蛋白): DMb + 一氧化碳 $\rightarrow$ COMb

图 4-2　肌肉中 DMb、OMb 和 MMb 的相互转化关系图

(1)氧合反应:在放血屠宰时,肌肉处于短暂的缺氧状态,此时肌红蛋白血红素辅基的铁离子以＋2价存在,并且配位键不结合 O_2,此时肌肉中主要为 DMb,肌肉呈现出暗紫色。当胴体暴露在空气中时,O_2 迅速与铁离子配位键结合,大量的

DMb 转变为 OMb,使其相对含量占据主导地位,该过程中由于氧合作用使肌肉呈现出鲜红色。

(2)氧化作用:DMb 和 OMb 中+2 价铁离子不稳定,极易失去电子而氧化为+3 价,从而转变为 MMb,随着 MMb 的不断积累,肌肉逐渐变为褐色。肌肉中氧化作用形成的自由基、低氧分压、温度等因素均能引发肌红蛋白的氧化反应,其中脂质氧化对其氧化过程的作用是研究的热点,但是其机制还不完全明确。

(3)还原反应:肌肉中存在色素还原系统,能将+3 价铁离子还原,从而起到抑制肉色劣变的作用。目前研究认为,该过程主要是 MMb 还原酶的作用,并指出该酶是位于线粒体膜中的 NADH-依赖型 MMb 还原酶。同时,有研究指出线粒体电子呼吸链通过向+3 价铁离子提供电子促使其还原,也能起到稳定肉色的作用。成熟期间线粒体对 MMb 还原作用机制及其变化规律尚不明确,有待进一步研究。此外,冷鲜肉采用 CO 气调包装时,铁离子与 CO 分子结合,也可以形成碳氧肌红蛋白,使肉形成亮红色。

三、线粒体对肉色稳定性的影响

就目前的研究资料来看,影响肉色稳定性的因素较多。外界因素主要有温度、气体成分、光照、微生物等。由于外界环境相对易于控制,近年来对外界因素影响肉色稳定性的研究也较为充分,利用现有的肉品加工技术能在很大程度上避免其对肉色的不利影响。而由于肌肉本身结构和化学成分的复杂性,内源因素引起的肉色劣变相对难以控制。近年来众多学者研究了肌肉内源因素影响肉色稳定性的机制。其中,MMb 还原能力、脂质氧化作用以及内源抗氧化因子是研究的热点和难点。线粒体作为细胞中具有半独立性的细胞器,其生理代谢功能对肉色的影响主要表现为 MMb 的还原作用。研究指出,线粒体可能通过两种机制实现上述作用:一是呼吸链电子传递机制;二是 NADH-依赖型 MMb 还原酶酶促反应机制。

(一)电子传递链的作用

线粒体氧化呼吸作用中电子传递机制被认为是线粒体还原 MMb 的一条重要途径。该过程比酶促还原过程复杂。氧化呼吸链中,线粒体膜中的复合物 Ⅰ(NADH-泛醌还原酶)、复合物 Ⅱ(琥珀酸-泛醌还原酶)分别接受 NADH 和琥珀酸反应后,将脱下的 H^+ 传递给辅酶 Q,后者将 H^+ 释放于介质中,而将电子经复合体 Ⅲ(泛醌-细胞色素 c 还原酶)、细胞色素 c 和复合体 Ⅳ(细胞色素 c 氧化酶)传递给 MMb 进而将其还原。同时,呼吸链为 NADH 提供了除乳酸-乳酸脱氢酶体系外的另一条再生途径。相关研究中通过测定线粒体耗氧率(OCR)和 MMb 还原能力评价呼吸链的作用。Tang 等指出 OCR 是衡量线粒体氧化呼吸链功能的重要指标,OCR 越高,呼吸作用越强,能够有更多的电子传递给 MMb 从而促进其还原。同时在研究中发现,当线粒体或琥珀酸单独与 MMb 存在时,未出现 MMb 被还原的迹象。由此指出琥珀酸是电子传递链调控 MMb 还原过程中重要的电子来源。Ramanathan 等通过添加线粒体呼吸链抑制剂抗霉素 A,发现当呼吸作用受到抑制后,MMb 的还原速率显著降低。并发现琥珀酸盐、丙酮酸盐在该还原体系中不可或缺,这与 Tang 的研究结果相一致。在国外肉品加工过程中,已经通过添加琥珀酸盐、丙酮酸盐等呼吸链电子供体,来达到延长冷鲜肉货架期的目的。在多数研究中通过测定单位时间内 MMb 的减少量来评价线粒体对 MMb 综合还原能力,但在成熟期间这种还原能力的变化规律还不明确。因此,为了更好地掌握成熟期间肉色稳定性变化机制,有必要在今后的研究中对线粒体上述功能进行全面的研究。

(二)NADH-依赖性 MMb 还原酶的作用

近年来对 NADH-依赖型 MMb 还原酶作用研究较为深入,其机制也相对明确。该还原系统主要由线粒体膜中的细胞色素 b5 还原酶、细胞色素 b5 和 NADH 组成。具体还原过程为:NADH 作为电子供体,将电子传递至细胞色素 b5 还原酶,后者将电子转移给细胞色素 b5,被还原的细胞色素 b5 再将电子传递到 MMb 的血红素辅基中,从而使 +3 价铁离子还原为 +2 价。但是一些研究人员对该酶对肉色稳定性影响持有不同的观点。Bekhit 等认为 NADH 依赖型 MMb 还原酶与肉色没有直接联系;原因是其在研究时发现新鲜肉品经真空包装、2℃贮藏14 d后该酶的活性受到显著影响,但是肉色变化不明显;其次,发现电刺激和宰前应激也不会影响该酶的活性,同时也不影响肉色的稳定性。而陈景宜等研究发现 NADH-依赖型 MMb 还原酶活性与 MMb 相对含量呈极显著的负相关,同时与 a^* 值呈显著的相关性,由此提出 NADH-依赖型 MMb 还原酶活性对肉色稳定性起着积极的作用。此外,NADH 作为 MMb 酶促还原过程中的辅酶和氢供体,对肉色稳定性有重要的影响。Washington 认为在 MMb 还原过程中,NADH 不断消耗,可能影响 MMb 的还原效率,但肌肉中存在 NADH 再生系统,能及时补充 NADH 以维系酶促还原反应,其机制在于乳酸脱氢酶催化乳酸和丙酮酸相互转化的过程中,NAD^+ 被还原成 NADH。Gao 等研究了不同浓度的 NADH 对 MMb 还原能力的影响,指出 NADH 促进 MMb 的还原,其浓度越高,MMb 的酶促还原进程越快。从以上研究结果中可以看出,线粒体 NADH-依赖型 MMb 还原酶催化的 MMb 还原作用还存在争议,成熟过程中该酶的活性和辅酶 NADH 的变化规律还有待更广泛的研究。

四、脂质氧化对肉色稳定性的影响

脂质氧化是宰后贮藏或成熟过程中影响牛肉品质的主要因素,不仅加速肉酸败变味,还会引起肉色劣变、营养品质降低,甚至会形成毒素成分,严重影响牛肉的食用品质和营养价值。Greene 首次提出牛肉中脂质氧化作用和肌红蛋白氧化作用是耦合的。之后引起了肉品科学和食品科学领域的广泛研究,并认可脂质氧化作用促进肉色劣变。脂质氧化促进肌红蛋白氧化的主要原因是脂质氧化产生的自由基和醛、酮等次级氧化产物能够促进肌红蛋白氧化。目前,关于脂质氧化初级代谢产物对肉色的影响机制较为明确,而脂质氧化次级代谢产物以及脂肪酸种类等对肉色的影响尚不完全清楚,需进一步研究。

(一)肉中脂质氧化的途径及影响因素

肌肉中脂质通过链式反应被彻底氧化,主要分为 3 个阶段:引发阶段、延伸阶段和终止阶段:

引发阶段:$LH + HO \cdot \longrightarrow L \cdot + H_2O$

延伸阶段:$L \cdot + O_2 \longrightarrow LOO \cdot$

$LOO \cdot + LH \longrightarrow L \cdot + LOOH$

终止阶段:$LOO \cdot + L \cdot \longrightarrow LOOL$

$LOO \cdot + LOO \cdot \longrightarrow ROOR + O_2$

在引发阶段,肌肉中呼吸代谢作用产生的活性氧和自由基攻击脂肪 LH,夺取碳链上的氢原子,并产生脂质自由基 $L \cdot$,后者在 O_2 作用下生成过氧化脂质自由基 $LOO \cdot$,同时也可以夺取其他 LH 碳链的氢原子,生成新的 $L \cdot$ 和脂质过氧化产物 LOOH。该过程导致脂质氧化反应链的延伸,自由基在反应链中传递,促进更多的脂质发生氧化。而当任意的两个自由基结合生成一种稳定的产物时,氧化链式反应被终止。脂质氧化反应产生多种自由基,例如 $HO \cdot$、$HOO \cdot$、$ROO \cdot$、$O_2^-\cdot$。此外,还生成复杂的氧化产物,例如醛类化合物、酮类化合物以及环氧化合物,其中以己醛、丙醛、丙二醛、4-羟基-2-壬烯醛等醛式产物为主。研究认为自由基和次级氧化产物通过促进肌红蛋白氧化加速肉色劣变。

影响肌肉脂质氧化程度的因素很多,外源因素主要有温度、氧气浓度,内源因素主要有 pH、酶、脂肪含量、脂肪酸组成、金属离子等。O'Grady 等研究了 O_2 浓度(40%、60% 和 80%)对新鲜牛肉脂质氧化的影响,发现随着 O_2 浓度升高,肉的 TBARS 呈显著增大趋势。Alicia 等研究指出,脂肪含量越高、不饱和脂肪酸比例越大,肉中脂质氧化的程度越高。牛肉中富含大量不饱和脂肪酸,更容易在储藏过程中发生脂质氧化。目前,常采用人工合成的抗氧化剂(如 BHT、BHA、TBHQ等)来延缓肉制品脂质氧化进程,达到延长保质期的目的。但这类合成保鲜剂不但有一定毒性,还会对肉的风味造成不良影响。随着研究的深入,广大学者着眼于通过宰前措施改善肌肉脂肪组成和相关内源生化环境,以降低宰后脂质氧化的程度。Luciano 等发现新鲜牧草中富含 α-生育酚,对比新鲜牧草和谷物喂养的肉时发现,前者脂质氧化程度明显较低,同时其肉色稳定性也有所改善。Luciano 等之后的研究中通过向饲料中补充单宁类化合物,也得到了相似的结论。因此,提升肌肉中抗氧化物质的含量能够起到降低脂质氧化程度、提高肉色稳定性的效果。

(二)脂质氧化对肉色的影响

脂质氧化促进肉色劣变是目前研究所公认的。有学者提出牛肉储藏期间 a^* 值和 OMb 相对含量的变化似乎受到脂质氧化的驱使,并与 TBARS 存在高度的相关性。其在研究中发现 O_2 浓度分别为 0%、10%、20%、50% 和 80% 的包装中,牛肉的 TBARS 随 O_2 浓度升高显著增大,同时牛肉的 a^* 值和 OMb 相对含量迅速降低。关于脂质氧化促进肉色劣变的机制,比较认可的是该过程中产生的大量自由基和次级氧化产物促进了肌红蛋白的氧化。其中,自由基通过夺取肌红蛋白血红素辅基中 +2 价铁离子的电子,从而促使其氧化的机制比较明确。而次级脂质氧化产物的作用机理还尚不完全清楚。现有的研究中,Lynch 等在研究中发现脂质氧化产物 4-羟基-2-壬烯醛(HNE)能够与肌红蛋白和参与 MMb 还原的酶发生反应,在加速肌红蛋白氧化的同时,抑制了 MMb 的还原过程,并由此影响肉色稳定性。Nair 等发现 HNE 在体外条件下能够通过共价结合的方式与两种样品的肌红蛋白形成加成物。Faustman 等阐述了 HNE 促进肌红蛋白氧化的途径,认为不饱和脂肪酸氧化形成的 HNE 能够结合到 OMb 分子上促进其氧化。同时指出肌红蛋白氧化过程中会产生 H_2O_2,后者与 Fe^{3+} 通过 Fenton 反应产生羟自由基又是脂质氧化链式反应的引发剂。因此,脂质氧化过程和肌红蛋白氧化过程能够相互促进,这种机制对肉色稳定性极为不利。但是,牦牛肉在成熟期间生成次级脂质氧化产物的种类及与肌红蛋白的作用机制还尚不明确。此外,一些医学领域中的研究认为,线粒体膜是脂质氧化作用的高发位点,也是氧化产物的攻击靶位,自由基和次级氧化产物不断攻击线粒体膜磷脂分子和膜蛋白,引起线粒体的氧化损伤。线粒体在维持肉色稳定方面起着重要作用。而在肉品科学领域,还缺乏关于线粒体结构的氧化损伤与其 MMb 还原能力关系的研究。因此,为更全面的掌握脂质氧化影响肉色稳定性的机制,需要着眼于其对肌红蛋白氧化和还原整个体系的作用。

五、内源抗氧化能力对肉色稳定性的影响

由于冷鲜肉在发达国家占据牛肉消费的主导地位,相应保鲜措施的研究也起步较早。其中,抗氧化物质在肉品护色保鲜方面的应用较为广泛。例如葡萄籽提取物、壳聚糖、诺丽果浆、茶多酚、橄榄叶提取液等天然抗氧化物质均能明显提升肉色稳定性。而国内在该方面多采用人工合成的抗氧化物质,有悖于目前国际范围内减少和避免合成添加剂在食品中应用的趋势。因此,近年来通过提升牛肉自身抗氧化能力来改善肉色稳定性成了研究的热点。

(一)肌肉内源抗氧化能力提升措施

饲料中的成分对动物肌肉抗氧化能力的形成有重要的影响。天然牧草中的酚类化合物、维生素 C、类胡萝卜素等抗氧化物质能够沉积于肌肉组织中,抑制各类氧化作用的发生,因此通过天然牧草饲喂或在饲料中补充天然抗氧化物质是提升肌肉内源抗氧化能力最有效的措施。Descalzoa 等研究了天然牧草和维生素 E 强化的饲料对牛肉抗氧化能力的影响,发现两种饲喂方式均有明显的效果,在提升肌肉自由基清除能力的同时,还提高了过氧化物酶的活性,其中天然牧草的效果最好。Luciano 等通过向饲料中补充单宁化合物,也达到了强化肉品内源抗氧化能力的目的,并发现肉色稳定性得到了显著提升,由此推测内源抗氧化能力能够维持肉色的稳定性。Qwele 等采用天然植物性饲料饲喂后,测得其肌肉中酚类化合物浓度比对照组提高了 10% 左右,有效提升了肌肉对自由基的清除效率。前期研究中通过对比终身放牧和宰前 90 d 谷物育肥对牦牛肉内源抗氧化能力的影响,发现前者在该方面具有明显优势。但牦牛肉上述特性是否影响脂质和肌红蛋白氧化进程还有待进一步研究。

(二)内源抗氧化系统及其作用

牛肉内源抗氧化系统由抗氧化酶和非酶抗氧化物质组成。肌肉中常见的抗氧化酶主要有 SOD、CAT、GSHPx 等,这类酶的抗氧化机制比较明确。SOD 和 CAT 具有协同抗氧化作用,SOD 首先通过催化 $O_2^- \cdot$ 与 H_2O 反应清除 $O_2^- \cdot$,生成的 H_2O_2 随后被 CAT 清除。而 GSHPx 不直接参与抗氧化反应,但通过酶促反应实现肌肉中还原型谷胱甘肽的再生,后者具有抗氧化活性。Descalzo 等比较了来源于牧草喂养和谷物喂养系统的牛肉中这些抗氧化酶的活性,但是发现除了 SOD 外,其他抗氧化酶的活性并没有显著影响,然而在储藏过程中抗氧化酶的活性都有明显的降低。Chen 等分析了储藏过程中,肉中 SOD、CAT 和 GSHPx 与脂质氧化

程度的关系,发现上述酶活性与 TBARS 呈显著负相关,同时酶活高的肉中 TBARS 较低,但是在 4℃ 储藏期间抗氧化酶活性显著降低,因此在储藏后期对脂质氧化的抑制能力不明显。宰后肌肉中的生育酚、肌肽、类胡萝卜素、酚类化合物等形成了非酶抗氧化体系。由于化合物种类的不同,其抗氧化机制有所差异,主要分为以下几类:一是抑制脂质氧化的链式反应;二是螯合金属离子消除其对脂质氧化的促进作用;三是分解或破坏脂质氧化产生的过氧化物;四是虽然自身没有抗氧化能力,但能够增强其他抗氧化剂的抗氧化能力。

由于肌肉内源抗氧化系统的复杂性,个别指标不能反映其总体的抗氧化活性。因此,可以采用综合性指标进行评价,这类指标主要有总酚浓度、生育酚当量抗氧化能力、自由基清除活性以及铁离子抗氧化还原活性。

第二节　牦牛肉嫩度

肉的嫩度,被认为是最能影响消费者购买力的因素之一。肉的嫩度是指肉在入口时牙齿对其破碎的抵抗力,就是人们常说的老或嫩。从微观来说,肉的嫩度是指对肌肉中各种蛋白结构特性的概括总结。它包括四个方面的含义,即肉入口后舌头或脸颊感受到的柔软性、肌肉对牙齿的抵抗性、咬断肌纤维的难易程度及咀嚼程度。可以用剪切力仪和质构仪进行分析测定。

一、影响嫩度的因素

国内外学者普遍认为决定肉嫩度的因素有本底硬度、韧化阶段和嫩化阶段。肉的本底硬度在动物屠宰前就存在,它是指未收缩的肌肉对剪切力的抵抗力,它不会随着宰后成熟而改变,其差异来自肌肉结缔组织的组成;韧化阶段是由肌肉宰后僵直期间肌节收缩引起的。随着成熟时间的延长,骨架蛋白逐渐降解,从而改善了肌肉的嫩度,这个过程即为嫩化。

肌肉的嫩度是可以通过宰后成熟提高的。肌肉的成熟是指动物屠宰后由肌肉(muscle)到肉(meat)的转变过程。在这个过程中伴随着一些物理和化学的变化,如 pH、离子强度和肌原纤维结构变化等。成熟完成后,肉会变得柔软多汁,并且一些特殊的风味物质也会随之释放。一般认为鸡肉成熟需要 1～2 d,猪肉需要 3～6 d,而牛肉则需要 8～11 d。完成成熟的时间还与温度有关,当温度在 0℃ 时完成成熟需要 10～13 d,4℃ 时需要 8～11 d,10℃ 时需要 4～5 d,当温度达到 25℃ 和 30℃ 时分别需要 30～40 h 和 10～11 h 即可达到相同的嫩化效果。

研究表明,肌内脂肪或大理石花纹的含量、宰后蛋白水解程度、结缔组织含量以及肌肉的收缩状态都会影响肉的嫩度。而 Koohmaraie 和 Geesink 则认为,肉的嫩度取决于宰后成熟过程中肌肉处于僵直状态时肌节的收缩,内源性蛋白酶对肌原纤维的降解以及结缔组织的含量。很多学者认为肌节长度的变化和蛋白水解程度对牛肉的嫩度影响最大。

二、结缔组织对嫩度的影响

结缔组织是构成肌肉的主要成分,在生理条件下对肌肉能够起到连接、支撑、传递的作用,其硬度较大、不容易分解。早在 1937 年,Brady 就认为肌肉的嫩度可能与其中结缔组织的含量和类型有关。这一观点也得到了很多学者的证实,研究发现肉的基础硬度主要是肌纤维结构的有序性导致的,但是结缔组织在决定肉的嫩度方面也起到了重要的作用。结缔组织的机械稳定性随动物年龄的增大而增大。胶原蛋白是结缔组织的主要成分,动物体内胶原蛋白会随着动物年龄的增长而变得坚硬,溶解度减小,对酶的反应能力减弱。出现这种现象的原因可能是在动物生长过程中,胶原纤维的有序性随之加强,其分子间形成了多重共价交联结构。在动物幼龄期,交联可被还原,而当动物处于老龄期时,变为非还原性的老化交联。研究认为结缔组织的含量、分布与肉品质之间关系非常密切。结缔组织在肌肉中以较厚的中隔和较薄的肌束膜形式存在,在肌纤维和肌束周围形成致密的膜鞘。研究认为,这种膜鞘在一定程度上可防止水分蒸发和汁液渗出,也就是说,肌肉中结缔组织含量越丰富,其持水力越强。

在肉的成熟过程中,随着成熟时间的延长,结缔组织的变化非常微小,在宰后成熟 14 d 以上,胶原蛋白和核心蛋白多糖没有发生显著降解,但是肉的嫩度却提高了很多。结缔组织只有在加热情况下,其中的胶原蛋白才会发生热收缩而提高肉的嫩度。Cross 等认为肌肉质构中大约有 12% 的变化是由结缔组织含量不同引起的。

三、胶原蛋白含量对嫩度的影响

胶原蛋白在维持肌肉结构、柔韧性、强度及肌肉质地方面有着重要作用。研究发现,肉的嫩度与胶原蛋白含量呈负相关,而与热溶解胶原蛋白含量呈正相关。Ramsbottom 等研究发现,胶原蛋白含量决定着不同肌肉类型的嫩度。例如,股二头肌中的胶原蛋白含量较高,肌束较粗,所以导致肉的嫩度较差。而腰大肌中胶原蛋白含量较低,肌束较细,所以嫩度较好。Brooks 等报道,在宰后肉成熟 3 d、7 d、14 d、21 d 牛肉的剪切力变化中,肌束膜的厚度对其贡献分别为 4.5%、9.5%、20.0% 和 4.0%,而其他变化是肌原纤维的降解产生。张克英等研究发现,肌肉结缔组织中胶原蛋白的含量与嫩度呈负相关,如果降低胶原蛋白的含量可以达到改善猪肉品质的目的。刘安军等通过研究肌肉生长过程中胶原蛋白含量、肌原纤维的性质、结构、剪切力的变化规律发现,肌肉中胶原蛋白含量在生长过程中变化很小,但是热溶性会随着年龄的增加而减少。李晓波研究苏尼特羊肉中的胶原蛋白特性及屠宰性能发现,总胶原蛋白的溶解性、可溶性胶原蛋白及不溶性胶原蛋白的含量会随月龄数的增加而增加,但胶原蛋白的溶解度却随之下降。总胶原蛋白、可溶性胶原蛋白含量与剪切力呈极显著正相关。

四、肌节长度对嫩度的影响

肌节是肌纤维的基本结构,有研究认为肌节长度是肌肉嫩度的影响因素。Lee 认为,肌节长度与嫩度呈正相关,所以肌节长度可以作为评定肉品质的指标。Bouton 等发现,当肌节长度小于 $2.0~\mu m$ 时,剪切力与肌节长度呈显著相关性;当肌节长度小于 $1.8~\mu m$ 时,剪切力与肌节长度呈线性关系;随着肌节长度的增加,剪切力值呈指数式下降。Marsh 和 Leet 发现,当肌节长度收缩量小于 20% 时,它对嫩度没有显著影响;收缩量在 20% ~ 40% 时,嫩度显著增加,当收缩量大于 55% 时,与收缩量小于 20% 时的效果一样。研究发现温度对肌节长度有影响,White 等发现,在 0℃ 和 5℃ 下冷却的肌肉会发生冷收缩。然而 Hwang 等却认为,处理温度对肌节长度没有显著影响,但低温处理的样品剪切力得到了显著提高。当处理温度升高时,剪切力与肌节长度之间的关系也随之变弱。

五、蛋白降解对嫩度的影响

肉的嫩化是温度、pH 以及拉伸综合作用的结果。从物理角度来看,肉的嫩度主要取决于肌细胞结构的完整性,调节蛋白的变化以及调节蛋白与骨架蛋白之间的相互关系。肌肉在宰后成熟过程中,随着 pH 的下降,水化能力也逐渐减弱,但肽键之间的静电结合和氢键结合能力增强,所以导致了蛋白质的网状结构张紧,肌肉嫩度降低。当 pH 降到接近蛋白质的等电点时,肌肉的水化作用也降到了最低点,由于蛋白质的电荷增加使得肽键之间的排斥力也随着增大,蛋白结构变得松弛,肌肉的水合作用增强。在成熟过程中肌联蛋白、伴肌动蛋白、肌间线蛋白和肌钙蛋白 T 的结构都会遭到破坏。这些蛋白的降解会引起肌原纤维发生物理、化学以及结构的变化,导致肌原纤维失去细胞结构的完整性而发生小片化,最终使肌肉的嫩度得到改善。

对肌肉蛋白降解过程中发生变化的主要蛋白详述如下。

（一）肌动蛋白

肌动蛋白（actin）是一类球状多功能蛋白，分子量约为 42 kDa。肌动蛋白主要以单体和多聚体两种形式存在，单体的肌动蛋白是由一条多肽链构成的球形分子，又称球状肌动蛋白（G-actin）；多聚体形成肌动蛋白丝，称为纤维状肌动蛋白（F-actin）。肌动蛋白是肌纤维细胞骨架的主要成分之一，也是影响肌肉嫩度的主要蛋白。大量的研究表明，肌动蛋白在肌肉的成熟过程中发生了显著的降解，产生了 31 kDa 条带。Laville 等研究也指出 31 kDa 条带在肌肉的成熟过程中增强。鉴于这些发现，肌动蛋白的降解程度被认为是嫩度形成的标识物。此外，还有研究表明，肌动蛋白在宰后发生了显著的磷酸化，肌动蛋白的磷酸化程度与肌肉的硬度呈正相关，与细胞凋亡呈负相关。

（二）肌球蛋白

肌球蛋白（myosin）是肌原纤维粗丝的组成单位，存在于横纹肌和平滑肌中。肌球蛋白由两条重链和多条轻链构成。肌球蛋白也是肌纤维细胞骨架的主要成分，与肌肉嫩度的形成密切相关。Jia 等指出牛肉宰后肌球蛋白轻链 1 很快碎片化，且随时间延长碎片化程度增加。Sawdy 等指出牛肉肌球蛋白重链和肌球蛋白轻链碎片的浓度与其嫩度呈正相关。Zapata 等也指出肌球蛋白重链和轻链的水解碎片与其剪切力相关。Huang 等的研究指出肌球蛋白重链的磷酸化与肌肉的嫩度显著相关。也有报道指出用免疫印迹和蛋白组学的方法均证明肌球蛋白轻链 2 在宰后有显著的磷酸化现象。这些研究表明肌球蛋白通过降解和磷酸化途径影响肌肉嫩度的改善。

（三）原肌球蛋白

原肌球蛋白（tropomyosin，Tm）分子量为 70 kDa，主要有 Tm1、Tm2 和 Tm3 3 种构型。原肌球蛋白是由两条平行肽链组成的 α 螺旋构型，具有加强和稳定肌动蛋白、抑制肌动蛋白与肌球蛋白的结合作用，是肌肉正常收缩过程中起调节作用的蛋白。原肌球蛋白是肌节的主要组成成分，而肌节长度对肌肉嫩度有显著影响已得到证实，表明原肌球蛋白对肌肉嫩度的形成有影响。D'Alessandro 等研究指出 Tm2 在契安尼娜牛肉中检测出有磷酸化现象，与肌肉的嫩度相关。

（四）其他蛋白

除了肌动蛋白、肌球蛋白、原肌球蛋白外，还有肌钙蛋白、肌联蛋白、肌间线蛋白、伴肌动蛋白等结构蛋白被蛋白质组学技术发现与肌肉的嫩度密切相关。

肌钙蛋白（troponin，TNN）是位于肌肉收缩蛋白细丝上、对肌肉收缩具有重要调节作用的调节蛋白。肌钙蛋白是由 TNN-T、TNN-I 和 TNN-C 组成的异源三聚体复合物。据报道，肌钙蛋白对肌肉嫩度的形成有重要影响，在蛋白组学研究中用肌钙蛋白作为肌肉蛋白质水解的标志物，其中 30 kDa 条带被用来作为肌肉嫩度的主要指示蛋白。

肌联蛋白（titin）是一种分子质量为 2 800～3 000 kDa 的蛋白质，在骨骼肌肌肉结构中位于 Z 线和 M 线之间。Huff-Lonerganet 等通过双向电泳研究发现肌联蛋白降解产生了分子质量约为 1 200 kDa 的条带对肌肉嫩度有影响。

肌间线蛋白（desmin）是分子量约为 55 kDa 的一种重要的肌肉细胞骨架蛋白。Lindahl 等指出，在牛肉成熟过程中肌间线蛋白发生显著的降解，对其嫩度有影响。Huang 等的研究进一步指出肌肉肌间线蛋白的降解加剧了肌肉肌纤维的小片化，提高了肌肉的嫩度。

伴肌动蛋白（nebulin）是分子量为 600～900 kDa、主要用来维持肌肉细丝与 Z 盘稳定性的蛋白。有报道指出，伴肌动蛋白、肌间线蛋白和肌联蛋白在动物宰后的早期发生显著的降解，影响肌肉的嫩度。

六、有关肌肉蛋白降解的主要理论

嫩度是肌肉的主要品质，对于肉品嫩度形成机制的研究也是肉品科学研究的热点。相关研究表明，宰后机体的无氧呼吸使肌内糖原被大量分解形成乳酸等酸性物质，酸性物质的大量积累造成了机体内环境的变化，进而诱发细胞凋亡程序的发生、内源酶激活和生理生化变化。这一系列的变化导致了内源酶对肌纤维的降解和蛋白的氧化、磷酸化和亚硝基化，由此产生了有关肌肉嫩度形成的蛋白酶理论和蛋白质修饰理论。

（一）蛋白酶理论

蛋白酶理论主要包括钙蛋白酶理论、细胞凋亡酶理论和组织蛋白酶理论（图 4-3）。钙蛋白酶理论已得到了广大科学家的认可，近年来对细胞凋亡途径的研究表明细胞凋亡酶也对肌肉嫩度的形成有重要作用，而组织蛋白酶对肌肉嫩度的贡献则存在一定的争议。

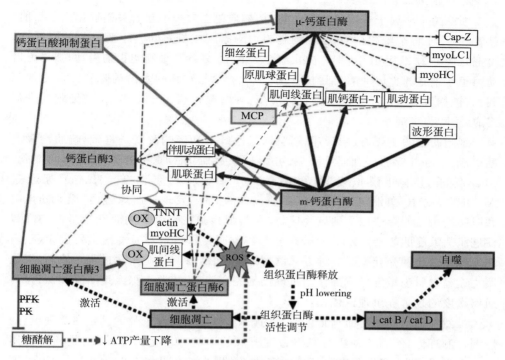

图 4-3　肌肉嫩化机制蛋白酶理论模式图

1. 钙蛋白酶理论

钙蛋白酶是一类需要钙离子激活的半胱氨酸蛋白酶。截至目前,在动物骨骼肌中共发现了 6 种钙蛋白酶的 mRNA,但在蛋白质水平上只有 m-钙蛋白酶和 μ-钙蛋白酶被检测。研究表明,在宰后成熟阶段,m-钙蛋白酶和 μ-钙蛋白酶均能够降解伴肌动蛋白、细丝蛋白、伴肌球蛋白和肌钙蛋白 T 等肌原纤维蛋白,促进肌肉嫩度的改善。

钙蛋白酶是骨骼肌宰后嫩度改善的主要酶,已得到广泛的认可。主要依据为:钙蛋白酶基因敲除、钙蛋白酶抑制蛋白过表达或注射钙蛋白酶抑制剂后,与骨骼肌嫩度改善相关的肌原纤维蛋白的降解显著降低;钙蛋白酶能够完全模拟自然成熟条件下肌原纤维蛋白的降解;通过钙蛋白酶抑制蛋白的活性可较好地解释不同物种间骨骼肌蛋白的降解速率和嫩度差异。然而钙蛋白酶理论并不能完全解释肌肉嫩度的变化,只能解释约 30% 的肌肉嫩度变化,且在钙蛋白酶被抑制的情况下,肌肉的嫩度仍能得到部分改善,为此钙蛋白酶理论对肌肉嫩度的影响仍需进一步完善。

2.细胞凋亡酶理论

细胞凋亡酶属于半胱氨酸蛋白酶,在细胞凋亡过程中起着关键性作用。目前,已发现了14种细胞凋亡酶,根据细胞凋亡酶家族成员之间大小亚单位的同源性,可把它们分为3组,其中:细胞凋亡酶2、8、9、10只参与细胞凋亡的启动,被称为启动因子或细胞凋亡启动酶;细胞凋亡酶3、6、7参与对细胞蛋白的降解并促使细胞凋亡,被称为效应因子或细胞凋亡效应酶;细胞凋亡酶1、4、5、13参与细胞的炎症反应,被称为炎症组。

细胞凋亡酶主要通过参与降解肌肉肌原纤维和影响凋亡进程,影响肌肉嫩度的形成。Ouali 等报道细胞凋亡酶可影响宰后肌肉的质构和微观结构的变化。Chen 等通过体外模拟发现 caspase-3 可降解肌钙蛋白-T。Huang 等通过 Ac-DEVD-CHO 抑制了鸡胸肉中 caspase-3 的活性,发现伴肌球蛋白、伴肌动蛋白和肌间线蛋白的降解均受到显著抑制,表明细胞凋亡酶可影响肌纤维蛋白的降解促进肌肉嫩度的改善。Boatright 等指出细胞凋亡酶系主要通过细胞死亡途经、内在途经和内质网介导途径 3 种方式诱导细胞凋亡,参与细胞嫩化过程。然而,细胞凋亡途径对肌肉嫩度形成的作用机理仍不完全清楚,需要更深入地研究和探讨,为肌肉嫩度的改善提供理论依据。

虽然根据不同酶对肌肉嫩度改善的影响,将蛋白酶理论分为钙蛋白酶理论、细胞凋亡酶理论,然而各种酶对肌肉嫩度形成的影响并不是孤立的,而是相互作用的。有报道指出,宰后肌肉内环境的变化,诱发了细胞凋亡进程,细胞凋亡酶可抑制钙蛋白酶抑制酶的活性,促进钙蛋白酶活性的发挥。

(二)蛋白质修饰理论

蛋白质的修饰主要包括氧化、磷酸化、硝基化,这些蛋白质的修饰能够调控宰后机体内源酶的活性,进而可在一定程度上影响肌肉嫩度的形成。

1.蛋白质氧化

蛋白质氧化包括直接氧化和间接氧化两种形式,直接氧化主要由活性氧和活性氮氧化;间接氧化主要由羟基自由基、过氧化自由基等二级氧化产物诱发。蛋白氧化在宰后肌肉中的表现主要是含组氨酸和巯基的蛋白氧化。肌肉中的肌原纤维蛋白和钙蛋白酶中含有组氨酸、含巯基的半胱氨酸残基,因此肌肉的肌原纤维蛋白和钙蛋白酶均易发生氧化修饰,进而影响肌肉嫩度的形成。Carlin 等指出宰后肌原纤维蛋白的氧化抑制了 μ-钙蛋白酶的水解。Chen 等研究了钙蛋白酶和细胞凋亡酶对氧化型肌间线蛋白的影响,得出肌间线蛋白的氧化修饰影响了其自身蛋白结构,并显著降低了钙蛋白酶和细胞凋亡酶对其的敏感程度。表明蛋白氧化通过

影响内源酶的活性及其对蛋白质的水解,影响肌肉的嫩度。

2. 蛋白质磷酸化

蛋白质磷酸化是机体调节和控制蛋白质活力及功能的最基本、最普遍、最重要的机制。蛋白质的磷酸化主要发生在丝氨酸、苏氨酸和酪氨酸这 3 种氨基酸上,丝氨酸磷酸化的主要作用是变构蛋白质以激活蛋白酶的活力,而酪氨酸磷酸化除激活该蛋白的活力外,还可促进与其他蛋白质相互作用形成多蛋白复合体。Lonergan 等指出肌钙蛋白 T 和肌钙蛋白 I 可被 AMP 依赖性蛋白激酶催化发生磷酸化反应,降低钙蛋白酶对肌钙蛋白的降解。Doumit 等报道钙蛋白酶抑制蛋白的磷酸化可加强其对钙蛋白酶的抑制活性,进而降低钙蛋白酶对肌肉肌原纤维蛋白的降解,影响肌肉嫩度改善。也有报道指出,肌肉肌浆蛋白的磷酸化可显著影响肌肉的僵直过程,进而影响其嫩度。

3. 蛋白质亚硝基化

蛋白质亚硝基化是一氧化氮与蛋白质半胱氨酸巯基结合形成亚硝基硫醇类化合物的过程。蛋白质的亚硝基化可通过氧化途径、金属催化途径、自由基介导途径和转亚硝基途径 4 种方式发生。蛋白质的亚硝基化可显著提升或降低相关蛋白酶的活性,进而影响相关蛋白酶催化作用的进行。Hess 等报道蛋白质亚硝基化可调控细胞凋亡酶的活性,进而影响细胞凋亡进程。Warner 等指出当一氧化氮存在时,环境 pH 对钙蛋白酶的活性有显著影响,进而影响其对肌原纤维蛋白的降解,影响肌肉嫩度的形成。

第三节　牦牛肉保水性

牦牛肉营养丰富,但保水性较低,影响了牦牛肉的食用加工品质。据报道,牦牛肌肉组织的滴水损失为 $1.93\%\sim3.52\%$,蒸煮损失为 $33.96\%\sim36.97\%$;而黄牛肌肉组织的滴水损失为 $1.79\%\sim2.58\%$,蒸煮损失为 $28.64\%\sim32.21\%$。由此可见,牦牛肉的保水性与黄牛肉比相对较差。

一、肌肉中水分的存在形式

宰后肌肉中大约含有 75% 的水,肌肉细胞中高达 87% 的组成成分是肌原纤维,肌原纤维中含有大量的水。肌肉结构由可溶性的肌质、不溶性的肌原纤维以及水分组成。水是肌纤维结构的重要组分,水分使得肌纤维的底物和酶可以扩散和相互作用,还决定了不溶性蛋白质的可塑性、硬度和凝胶性。肌肉中的水分主要是以自由水、不易流动水和结合水这 3 种形式存在。自由水指存在于肌肉细胞外能自由流动的水,占总水分的 15%。屠宰后,肌肉自由水很快就会流失。不易流动水存在于肌纤维中,约占总水分的 80%,由于它们与蛋白质的亲水基团相距较远,导致分子排列虽然有一定朝向性,但排列的秩序不够统一,会随着蛋白质结构或者电荷的变化而变化。结合水是指与蛋白质大分子之间通过静电引力而紧密结合的一部分水分子,大约占总水分的 5%,它们的状态非常稳定,与蛋白质表面通过静电引力而紧密结合,基本不会受到肌肉蛋白质结构变化的影响,也不会受到外力的影响,与蛋白质结合的水分成几层,当逐步升温时此类水分逐层释放出来。

二、肌肉保水性的概念

肉的保水性(water-holding capacity,WHC)又称为持水力(water-binding capacity,WBC),是指当肌肉受到外力作用时,其保持原有水分与添加水分的能力。所谓的外力指压力、切碎、冷冻、解冻、贮存、加工等。衡量肌肉保水性的指标主要有滴水损失、蒸煮损失、储存损失、加压失水率等。滴水损失是指在不施加任何外力而只受重力作用的条件下,肌肉蛋白质系统在测定时的液体损失量,是描述生鲜肉保水性最常用的指标,一般在 0.5%～10% 之间,最高达 15%～20%,最低 0.1%,平均在 2% 左右。蒸煮损失指生肉加工成熟肉过程中,由于蒸煮水分损失等原因而发生的质量减少,是描述加工肉保水性最常用的指标,一般在 25%～40% 之间。作为评价肉质的重要指标,肌肉的保水性不仅直接影响肉的滋味、香气、多汁性、营养成分、嫩度、颜色等食用品质,还具有重要的经济意义。利用肌肉的系水潜能,在加工过程中可以添加水分,提高产品出品率。

三、肌肉保水性的影响因素

影响肌肉保水性的因素很多,宰前因素包括品种、年龄、宰前运输、能量水平、身体状况等。宰后因素主要有胴体储存、僵直开始时间、宰后成熟过程、脂肪厚度、pH 的变化、蛋白质水解酶活性和细胞结构,以及加工条件如切碎、盐渍、加热、冷冻、融冻、干燥、包装等。宰前因素和宰后处理与肉品质性状的变化都有关系,但是这些变化最终往往通过影响构成肌肉的蛋白质来影响肌肉保水性。肌肉中生理生化反应的变化会对肌细胞及其相关结缔组织的结构成分产生重要影响作用。随之引起的蛋白质变性造成肌原纤维网格及肌细胞的伸缩,从而直接影响宰后肌肉保水性。

四、蛋白质变化对宰后肌肉保水性的影响

肉中滴水损失和蒸煮损失的升高会引起肉胴体和分割肉的重量损失,还可能影响加工肉的产量和质量。此外,低 WHC 可能会对肉的外观产生不良影响,从而影响消费者购买肉品的意愿。蛋白质是生物体细胞中主要的功能行使者,生命活动与蛋白质的动态变化密切相关,因此,宰后肌肉蛋白质的变化是研究保水性变化机理的重点。

(一)蛋白质变化对滴水损失的影响

肌肉组织中的汁液流失过程是一个依赖时间的物理过程,在压力作用下形成,汁液流失的速度取决于肌肉组织的渗透性,以及水分从肌肉内部流失到肌肉表面的距离。肌肉在僵直时含有约 75% 的水分,其中大部分在毛细管作用下保持在肌原纤维内部,肌原纤维占肌肉细胞体积的 82%~87%。肌肉细胞中高达 85% 的水分被保留在肌原纤维中。新鲜肉类中汁液损失形成的速度和失水量取决于肉块所受压力的大小。从结构上来看,滴水损失主要受以下因素的影响:滴水通道和细胞外空隙的大小,僵直时肌细丝纵向和横向收缩程度,细胞膜对水的渗透性,以及宰后细胞骨架蛋白降解。

在活体肌肉组织中,细胞外空隙非常小。宰后成熟过程中,肌纤维束和单个肌肉细胞会分离,它们之间就留下了一些空隙。水从细胞外空隙移动到肉的表面形成滴水损失的过程,主要是把最大的空隙当作滴水通道,使液体沿着肌纤维方向流到切割肉的表面。

(二)蛋白质变化对蒸煮损失的影响

蒸煮过程中,由于温度和加热时间的改变,肉品会以蒸煮损失的形式丢失掉大量的水分,蒸煮损失是肉品工业生产中的重要技术指标。加热过程中,肌原纤维的硬度不断提高,这是由于蛋白质的变性以及蒸煮过程中的水分流失增加所造成的。Bouton 等研究发现,在 45~80℃ 的范围内,肉的蒸煮损失随温度升高逐渐增大,当高于 80℃ 时,蒸煮损失的增长率逐渐降低;在 45~80℃ 的温度范围内,整块肌肉和切肉中的蒸煮损失是近似的,65℃ 时,整块肌肉的蒸煮损失大于肉饼的蒸煮损失。这可能是因为 65℃ 时,胶原蛋白和肌纤维之间产生协同收缩作用。也可能是因为加热温度 65℃ 非常接近于肉中水分状态改变的温度,Micklander 等认为肉中水分状态在 66℃ 时会发生重大改变。

在 40~60℃ 的温度范围内,如果细胞骨架结构完整,肌原纤维和肌细胞会发

生横向收缩,在此过程中,Desmin 起到了一定作用,该温度范围内肌球蛋白变性是横向收缩的主要原因。Tornberg 研究发现,蒸煮损失的主要变化阶段发生于 $70 \sim 80℃$。Micklander 等使用核磁共振鉴定了在 $76℃$ 下的水分的转变。在 $70 \sim 80℃$ 范围内,肌动蛋白发生变性,因此在该温度范围内可以看到肌原纤维结构收缩。然而,由于肌联蛋白的变性发生在 $75 \sim 78℃$,因此肌联蛋白的作用也应当考虑在内。

五、宰后能量代谢酶对肌肉保水性的影响

宰后动物体内存在能量代谢系统,一旦动物被宰杀,肌肉试图保持三磷酸腺苷(ATP)含量,使之接近宰前的水平。为了维持宰后 ATP 的含量,一方面磷酸肌酸(CP)在肌酸激酶(CK)催化下,将二磷酸腺苷(ADP)磷酸化生成肌酸(Cr)和 ATP,即 $CP+ADP+H+ \rightarrow Cr+ATP$,另一方面储存的糖原通过糖酵解和可能的氧化代谢来产生 ATP。

宰后糖酵解作用生成 ATP 的同时产生乳酸,使肌肉酸化,直至 pH 达到极限。肉的极限 pH 直接影响肉的质量特性,如肉色、质构、保水性等。糖酵解是在细胞质中分解葡萄糖生成丙酮酸的过程,并伴有少量 ATP 的生成,在有氧条件下丙酮酸可进一步氧化分解生成乙酰辅酶 A 进入三羧酸循环,生成 CO_2 和 H_2O,但在缺氧条件下丙酮酸被还原为乳酸。

伴随着糖酵解的发生,机体内前体糖原和大分子糖原这两个糖原池的储存区隔消失,肉中糖原前体和大分子糖原分解为糖原或单糖;肉中大分子糖原、糖原前体和游离葡萄糖浓度均有不同程度的降低。糖酵解生成的乳酸存在于肌肉中,致使肌肉 pH 迅速降低。肌肉 pH 的迅速降低,首先会使肌浆蛋白凝结到肌原纤维上,蛋白质溶解度下降,于是便增加了水分的流失,造成保水性下降;其次随着 pH 的快速下降,肌球蛋白变性作用的敏感性提高,肌球蛋白快速变异会降低保水性;随着 pH 下降破坏了肌肉蛋白质电荷间的平衡,蛋白质带净负电荷的数量减少,大量水分被压迫挤出,此时吸附水的能力下降。当 pH 下降到接近肌肉蛋白质的等电点(pH=5.4)时,蛋白质的净电荷为零,此时肌肉的保水性最低。

六、应激蛋白对肌肉保水性的影响

热休克蛋白(Heat shock protein,HSP)是目前研究最多的应激蛋白,是机体中细胞维持和修复的重要成分,能够充当分子伴侣、调节肌动蛋白聚合、调节中间体细丝间的相互作用,还能够抑制应激诱导产生的细胞凋亡等。HSP27 是细胞维持内平衡和细胞稳态的重要成分,承担着分子伴侣功能,起到阻止错误折叠的和变

性的蛋白质聚集的作用。HSP27 被认为主要参与了细胞凋亡调控途径,HSP27能够通过保护细胞应对热应激、凋亡因子、氧化应激和缺血等条件来抑制细胞凋亡。HSP27 还能使 Bax 丧失活性,并破坏线粒体中调节细胞凋亡的蛋白质(Smac),抑制细胞色素 C 的释放。

　　应激蛋白对肌肉保水性有重要的影响。RT-PCR 技术检测用胡萝卜副产物饲喂过的育肥猪,HSP27 基因表达量与 WHC 呈负相关。牦牛肉宰后成熟过程中,HSP27 表达量与蒸煮损失呈负相关,但差异不显著。

第五章　牦牛肉的储藏保鲜

当前,热鲜肉、冷鲜肉和冷冻肉是肉品的主要销售形式,牦牛肉也不例外,然而由于青藏高原的地理位置,牦牛肉的主要销售形式是热鲜肉和冷冻肉。市场上冷鲜牦牛肉产品较少,但在冷鲜牛肉包装保鲜、储藏加工方面有相关的研究报道。本章将结合相关研究成果,对热鲜牦牛肉、冷鲜牦牛肉和冷冻牦牛肉的储藏保鲜进行阐述。

第一节　热鲜牦牛肉的储藏保鲜

本节将从热鲜肉的概念、特点,热鲜牦牛肉储藏过程中的品质变化,以及简易包装对热鲜牦牛肉品质影响的角度阐述热鲜牦牛肉的储藏保鲜。

一、热鲜肉的概念及特点

热鲜肉是宰杀后不经冷却加工,直接上市的畜禽肉。也就是我国传统畜禽肉品生产销售的主要方式,一般是凌晨宰杀、清早上市。由于加工简单,长期以来热鲜肉一直占据我国鲜肉市场。其特点主要有以下几个方面。

(一)卫生安全性

热鲜肉一直被认为是最鲜的肉,但事实并非如此。经宰杀放血和简单处理后就直接上市的热鲜肉在储存过程中,一旦通过尸僵期,其组织中各种自身的降解作用增强,其中三磷酸腺苷分解释能又使肉温上升,热鲜肉在流通中最低温度也有10℃,最高时可达35℃左右(有时温度可达40～42℃),此时组织中酸性成分减少,pH上升,加之畜肉表面潮湿,为细菌的过度繁殖提供了适宜的条件。因为热鲜肉在批发、零售到用户食用这一过程中,会受到空气中的尘埃和苍蝇、运输车辆、操作人员的手等多方面的污染,细菌大量繁殖(常见的有四联球菌、葡萄球菌等),造成肉表面腐败,形成黏液或变质。一般认为,热鲜肉的货架期不超过1 d。据报道,在肉温为37～40℃时,大肠杆菌在肉上完成一个生命周期需17～19 min,按此计算,如在炎夏,几个小时后,肉的带菌量就会达到不计其数,不仅极易腐败变质,而且还会造成严重的食品安全问题。由此可见,热鲜肉货架期极短,易被微生物污染,自然带菌量大。国家肉类食品卫生标准对鲜肉的要求是:肌肉有光泽,红色均匀,外表湿润不黏手;坚韧,指压以后立即复原;具有肉品固有气味,无异味。但是热鲜肉往往到了消费者手中时已经不符合上述标准了。

(二)营养特性

热鲜肉从动物宰杀到被消费者食用所经过的时间短,一般都未能完成正常的成熟过程。刚宰杀的动物,其肌肉纤维呈僵直状态,只有经过解僵、成熟过程后,氨基酸、肽类等风味物质才能形成,肉的味道才会鲜美。如果是处于僵直期的肌肉,其酸度逐渐升高,硬度逐渐增大,可以增大到原有硬度的 10~40 倍,使肌肉的物理性质显著改变,表现质地坚韧,缺少汁液,难以咀嚼,进而影响到消化、吸收,这在客观上降低了肉类蛋白质的营养价值。

(三)感官特性

热鲜肉由于一般未能完成屠宰放血→僵直变硬→解僵自溶→成熟这一自身固有的变化过程,因而可能导致感官特性的主体指标色泽、风味、质地、香气的正常形成过程中止,尤其是风味质地所受影响最大。动物尸体一般在宰杀后 4.2 h 进入僵直期,如环境温度高则会提前。肌肉一旦僵直,感官特性自然变劣。据研究,肉类在熟化时香气浓郁,原因在于受热前组织中已积聚了大量的香气前体物,如糖、氨基酸、磷酸酯、硫醇、维生素 B_1 等物质,而在肌肉的解僵软化阶段,发生多种复杂的生物化学反应,其中就与香气前体物形成有关,正常解僵软化的肌肉在热加工时必然产生特有香气。换言之,常温下热鲜肉一般难以保存到解僵软化阶段,故足量的香气前体物质尚未来得及形成。

(四)热鲜肉的缺点

①通常为凌晨宰杀,清早上市,不经过任何降温处理。②刚放血的畜禽,肉体温度上升,为 40~42℃,此时的热鲜肉由于肉体内含有大量细菌加之肉体温度过高,为微生物的生长繁殖提供了适宜的环境,使其保质期缩短。③在从加工到零售的过程中,缺乏有效的卫生保障措施,不但要受到空气、苍蝇、运输车和包装等多方面的污染,还容易受到微生物的污染而腐败变质。

二、热鲜牦牛肉在储藏过程中的品质变化

(一)储藏期牦牛肉重量损失

重量损失是肉品销售过程中,商家关注的指标之一。不仅影响肉品的品质,而且影响商家的利润。对牦牛肉的重量损失测定选择3个平行样的平均值,如图5-1所示。

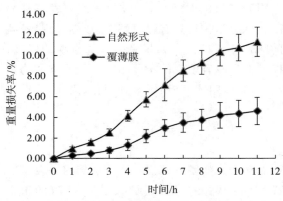

图 5-1　牦牛肉重量损失率随时间的变化规律

由图 5-1 可见,在整个试验期内牦牛肉的重量损失随时间延长而逐渐增加,但变化趋势有所不同。覆薄膜组牦牛肉损失率较自然形式组小,这是因为自然形式下牦牛肉的水分蒸发直接散失到环境中,导致水分流失率大;而覆薄膜组牦牛肉蒸发的水分附着在薄膜上构成一个相对封闭且湿度大的环境,水分蒸发比较慢。5 h后自然形式组牦牛肉的重量损失率为(5.74±0.74)%,而覆薄膜组牦牛肉的重量损失率为(2.19±0.63)%,覆薄膜组的损失率仅为自然形式组的38.15%;11 h后自然形式组牦牛肉的重量损失率为(11.31±1.42)%,而覆薄膜组牦牛肉的重量损失率为(4.60±1.31)%,覆薄膜组的损失率仅为自然形式组的40.67%。

(二)储藏期牦牛肉的失水率变化

失水率是肉品的主要品质指标,不仅反映肉品的品质,而且是肉品销售中的主要影响因素。对样品失水率的测定选择3个平行样的平均值,结果如图5-2所示。

由图 5-2 可见,覆薄膜组牦牛肉的失水率小于自然形式组牦牛肉的失水率,这主要是因为覆薄膜组中薄膜的作用在一定程度上减少了牦牛肉的水分蒸发。两个处

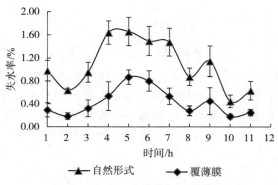

图 5-2　牦牛肉失水率随时间的变化规律

理组变化趋势大致一致,呈"抛物线"形状,与试验期温度的变化趋势(图 5-3)基本相

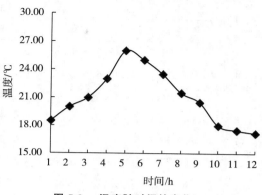

图 5-3　温度随时间的变化

同,但是各时间段内牦牛肉的损失率不同。在 0~3 h 内,牦牛肉的损失率逐渐减少,这是因为一方面存在水分蒸发导致重量损失,同时由于没有进行封闭的包装,牦牛肉的表面形成风干膜,导致水分蒸发率减少;在 4~6 h内,牦牛肉的损失率逐渐增加,这是因为随着时间的延长,环境温度逐渐增加,打破原来的平衡,水分蒸发量大于风干膜的阻挡作用,使得水分损失率增加;在 7~12 h 内,由于温度的下降和风干膜的作用,使得牦牛肉的水分损失率呈现波动下降的趋势。

(三)牦牛肉感官品质的变化

感官品质是肉品销售过程中,消费者的重要评价指标之一。本节从消费者的角度对牦牛肉的感官品质进行了评价。由表 5-1、表 5-2 可以看出,两个处理组热鲜牦牛肉在储存期的感官品质得分随时间的延长而降低。由表 5-1 可见,在11 h内牦牛肉的色泽、气味和组织状态的得分降低明显;而从表 5-2 可看到,牦牛肉的色泽、组织状态得分降低较快,但下降速度较慢。自然形式下牦牛肉的品质在3 h之后即出现劣变,且劣变速度较快,6 h 后感官评分仅为 55.33 ± 0.58;而覆薄膜状态下牛肉 5 h 后品质开始缓慢劣变,9 h 后感官评分为 57.67 ± 0.58。感官分析结果表明,简易包装后可延缓牦牛肉的品质劣变 3 h。这主要是因为自然形态下牦牛肉表面与氧气接触面大,使肉品颜色逐渐加深,牦牛肉直接与大气接触,牦牛肉的气味散失较快,使肉品气味快速变淡,同时由于风干膜的快速形成,使肉品的弹性变差,而覆薄膜下可减缓肉品色泽、气味和组织状态的劣变。

表 5-1　自然形态下牦牛肉的品质变化

时间/h	自然状态				
	色泽	气味	黏度	组织状态	总分
1	24.33 ± 0.58	19.33 ± 0.58	15.00 ± 0.00	29.00 ± 0.00	87.67 ± 1.15
2	23.00 ± 1.00	18.67 ± 0.58	14.33 ± 0.58	27.67 ± 0.58	83.67 ± 1.53

续表 5-1

时间/h	自然状态				
	色泽	气味	黏度	组织状态	总分
3	22.33±1.53	17.33±0.58	13.00±0.00	26.67±0.58	79.33±2.31
4	19.67±0.58	15.67±1.15	12.67±0.58	25.67±0.58	73.67±1.15
5	18.33±0.58	14.33±0.58	11.67±0.58	23.33±0.58	67.67±0.58
6	16.00±2.00	13.67±0.58	9.67±1.15	22.00±1.00	61.33±2.52
7	14.00±1.00	13.00±0.00	8.67±0.58	19.67±1.53	55.33±0.58
8	12.00±1.00	12.00±0.00	8.33±0.58	18.00±0.00	50.33±0.58
9	10.67±0.58	11.67±0.58	7.67±0.58	14.67±1.53	44.67±2.52
10	9.67±0.58	9.33±0.58	7.00±0.00	13.67±0.58	39.67±1.53
11	8.33±0.00	9.00±0.00	6.33±0.58	12.67±0.58	36.33±1.53
12	7.67±1.15	8.33±0.58	5.00±1.00	10.33±1.15	31.33±2.08

表 5-2 覆薄膜状态下牦牛肉的品质变化

时间/h	覆薄膜				
	色泽	气味	黏度	组织状态	总分
1	24.33±0.58	19.67±0.58	13.33±0.58	29.00±0.00	86.33±0.58
2	23.67±0.58	19.00±0.00	13.33±0.58	28.67±0.58	84.67±1.53
3	23.33±0.58	18.67±0.58	13.67±0.58	28.00±0.00	83.67±0.58
4	22.33±0.58	17.67±0.58	12.67±0.58	26.67±0.58	79.33±0.58
5	21.33±0.58	17.00±0.00	12.33±0.58	25.67±0.58	76.33±0.58
6	19.33±1.53	16.67±0.58	12.00±0.00	24.33±0.58	72.33±1.53
7	18.67±0.58	15.00±0.00	11.67±0.58	23.33±0.58	68.67±0.58
8	17.00±1.00	15.67±0.58	11.67±1.15	21.67±0.58	66.00±1.73
9	14.67±1.15	14.67±0.58	10.67±0.58	20.67±0.58	60.67±1.53
10	13.33±0.58	14.00±0.00	10.67±0.58	19.67±1.15	57.67±0.58
11	12.33±0.58	13.00±0.00	9.33±0.58	19.00±1.00	53.67±0.58
12	11.67±0.58	12.33±0.58	8.67±0.58	18.33±0.58	51.00±0.00

三、热鲜肉的储藏方式

(1)通过研究牦牛肉储存期的重量变化得出,在整个储存期牦牛肉的重量呈减少趋势,其损失率与温度呈正相关;在经过 11 h 后,自然形式的牛肉重量损失为(11.31±1.42)%,简易包装的牛肉重量损失为(4.60±1.31)%,通过简易包装后牛肉的重量损失可减少 59.33%。

(2)储存期牦牛肉的感官品质逐渐下降,自然形态下牦牛肉品质劣变快,3 h之后即出现劣变,且劣变速度较快,6 h 后感官评分仅为 55.33±0.58;而覆薄膜状态下牛肉 5 h 后品质开始缓慢劣变,9 h 后感官评分为 57.67±0.58。感官分析结果表明,简易包装后可延缓牦牛肉的品质劣变 3 h。

(3)销售过程中,简易包装可减少牦牛肉的重量损失和感官品质劣变。

第二节　冷鲜牦牛肉的储藏保鲜

冷鲜肉是当今肉品的发展方向和趋势,随着消费者对肉品品质的要求不断提高,发展冷鲜牦牛肉已成为提高牦牛肉经济附加值的重要途径。本节将结合冷鲜肉的特点、包装方式、包装材料和温度波动对冷鲜牦牛肉储藏保鲜期间的品质影响进行阐述。

一、冷鲜肉的概念及特点

冷鲜肉,又叫冷却肉、排酸肉、冰鲜肉,准确地说应该叫"冷却排酸肉",是指严格执行兽医检疫制度,对屠宰后的胴体迅速进行冷却处理,使胴体温度(以后腿肉中心为测量点)在 24 h 内降为 0~4℃,并在后续加工、流通和销售过程中始终保持0~4℃范围内的生鲜肉。因为在加工前经过了预冷排酸,使肉完成了"成熟"的过程,所以冷鲜肉看起来比较湿润,摸起来柔软有弹性,加工起来易入味,口感滑腻鲜嫩,冷鲜肉在−2~5℃温度下可保存 7 d。

冷鲜肉具有安全系数高、营养价值高、口感风味佳和感官舒适性高等优势,是理想的产品形式,将成为我国生鲜肉类消费的主流。冷鲜肉优点如下。

(一)肉质鲜美

冷鲜肉从屠宰、加工到储运、销售都在 0~4℃环境下进行,是一个无缝连接过程,这不仅可以抵制有害细菌的繁殖,同时使破裂细胞流出来的胞内消化酶活性降低,有利于保持肉质的鲜美、肉类的营养成分不被破坏。冷鲜肉在"后熟"过程中使肉变得更加柔软细嫩,钙质更易于被人体吸收,使肉更营养可口。

(二)保质期相对长

一般热鲜肉保质期只有 1～2 d,而冷鲜肉在 0～4℃的温度条件下,保质期一般可达到 1 周以上。同时冷鲜肉在冷却环境下表面形成一层干油膜,能减少水分的蒸发,防止微生物的侵入和在肉类表面的繁殖。

(三)营养价值高

冷鲜肉肉质柔嫩细腻有弹性,热鲜肉、冷冻肉在色泽、肉质上并没有明显区别,主要区别在于排酸肉的低温制作过程,可以避免微生物对肉品质量的污染。人们在食用该肉后,胃里的酶会把肉中的蛋白质转化为氨基酸,以便人体吸收。

二、冷鲜肉的工艺流程

从活体到餐桌,冷鲜肉大致经历如下过程:①产地检验合格的动物在屠宰场屠宰,经检疫、品质检验合格后,0～4℃下冷却排酸 24～48 h。②在冷却间 0～4℃下分割、包装,然后经冷藏运输车 0～4℃下运往批发、零售点,在冷藏展柜 0～4℃下展卖。③消费者购买后 0～4℃下保存。整个冷鲜肉的生产过程始终在 0～4℃条件下进行,形成冷鲜肉特有的冷却链系统。

三、包装对冷鲜牦牛肉品质的影响

(一)不同包装对冷鲜牛肉失水率的影响

不同包装对冷鲜牛肉失水率的影响见图 5-4。从图中可以看出,随着储藏时间的延长,托盘包装、气调包装、真空包装 3 种包装冷鲜牛肉的失水率逐渐增大,托盘包装的失水率明显大于气调包装和真空包装;从失水率曲线也可看出各包装前期失水率大,后期逐渐减少。

(二)不同包装对冷鲜牛肉菌落总数的影响

不同包装对冷鲜牛肉菌落总数的影响见图 5-5。从图中可见托盘包装和气调包装组冷鲜牛肉的菌落总数在 0～10 d 增长缓慢,随后基本呈"直线"形增长;真空包装组冷鲜牛肉的菌落总数基本呈"S"形增长。托盘包装、气调包装、真空包装 3 种包装冷鲜牛肉的初始菌落数为 3.88 CFU/g,在 0～4℃下 9 d、16 d、21 d 后,菌落总数分别为 5.87 CFU/g、5.85 CFU/g、5.98 CFU/g,基本达到《农产品安全质量 无公害畜禽肉安全要求》(GB 18406.3—2001)规定的菌落总数的最大限制 6 CFU/g,说明与托盘包装相比,气调包装和真空包装可有效延长冷鲜牛肉的货架期。

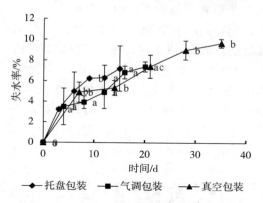

图 5-4　不同包装对冷鲜牛肉失水率的影响

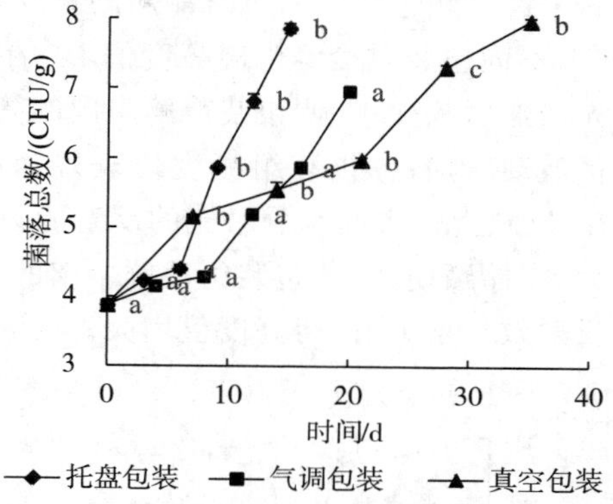

图 5-5　不同包装对冷鲜牛肉菌落总数的影响

(三)不同包装对冷鲜牛肉 TVB-N 值的影响

挥发性盐基氮(TVB-N)是肉品的水浸液在碱性条件下能与水蒸气一起蒸馏出来的总氮量,是评价肉品鲜度的重要指标。试验初始样品 TVB-N 含量为 7.33 mg/100 g,储藏期间 TVB-N 的变化趋势如图 5-6 所示,各包装组冷鲜牛肉的 TVB-N 随储藏时间的延长逐渐增加,表现为托盘包装>气调包装>真空包装。托盘、气调、真空 3 种包装冷鲜牛肉的 TVB-N 值在 0~4℃储藏的第 9 天、第 16 天、第 21 天分别为 14.49 mg/100 g、14.78 mg/100 g、14.06 mg/100 g,基本达到 GB 2707—2016 规定的 TVB-N 值最大限制 15 mg/100 g,这与菌落总数的变化基本一致,说明托盘、气调、真空 3 种包装冷鲜牛肉的货架期分别为 9 d、16 d、21 d。

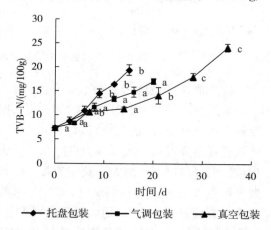

图 5-6　不同包装对冷鲜牛肉 TVB-N 的影响

(四)不同包装对冷鲜牛肉色差值的影响

肉品颜色是肉品感官品质的重要指标,是消费者选购产品的主要依据。从图 5-7 不同包装对冷鲜牛肉亮度值 L^* 的变化可以看出,托盘包装冷鲜牛肉的亮度值先增加后减少;气调包装冷鲜牛肉的亮度值逐渐增加;真空包装冷鲜牛肉的亮度值呈波动增加;各包装组亮度值表现为托盘包装>气调包装>真空包装。亮度值 L^* 反映肉样表面水分对光的反射能力,肉样表面水分含量大则反射能力强,L^* 值大,在储藏期间,各包装组冷鲜牛肉的水分从肉品内部渗出,导致牛肉表面对光的反射效果增强,使得亮度值增大。

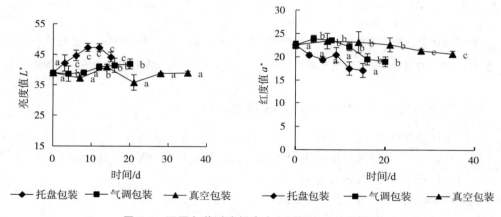

图 5-7　不同包装对冷鲜牛肉 L^* 值和 a^* 值的影响

红度值 a^* 代表红-绿变化,主要由肌红蛋白的氧化还原状态决定,脱氧肌红蛋白为紫红色、氧合肌红蛋白为鲜红色、高铁肌红蛋白为褐色。从图 5-7 不同包装对冷鲜牛肉红度值 a^* 的变化可以看出,各包装组冷鲜牛肉的红度值 a^* 随储藏时间的延长逐渐降低,在 0～10 d,红度值 a^* 的大小顺序为气调包装>真空包装>托盘包装,之后红度值 a^* 的大小顺序为真空包装>气调包装>托盘包装。这是因为前期气调包装中含有 60% 的氧气,氧气与肌红蛋白结合生成氧合肌红蛋白,使冷鲜牛肉具有较好的红色,后期大量的氧气存在使氧合肌红蛋白氧化为褐色的高铁肌红蛋白,高铁肌红蛋白的积累使气调包装冷鲜牛肉的红度值 a^* 逐渐下降;真空包装中几乎没有氧气,打开包装后,空气中氧气才与肌红蛋白结合生成氧合肌红蛋白,储藏期间冷鲜牛肉的肌红蛋白损失较少,这与整个储藏期间真空包装冷鲜牛肉的红度值 a^* 下降幅度较小一致;托盘包装中开始时牛肉处于有氧状态,肌红蛋白和氧气发生反应暂时生成不稳定的鲜红色氧合肌红蛋白,随着储藏时间的延长,形成大量的高铁肌红蛋白,高铁肌红蛋白的大量积累,导致肉发生褐变,红度值 a^* 下降。

(五)不同包装对冷鲜牛肉持水性的影响

肉品的持水性(系水力)是指宰后肉品在自然状态下或在加工过程中,对肉品本身的水分及外加水分的保持能力,持水性与肉品的颜色、多汁性、嫩度等食用品质密切相关。从图5-8可以看出,随着储藏时间的延长,托盘包装、气调包装、真空包装冷鲜牛肉的持水性逐渐下降。在0~12 d,各包装的持水性大小依次为气调包装>真空包装>托盘包装,之后真空包装好于气调包装。初步分析认为,随着储藏

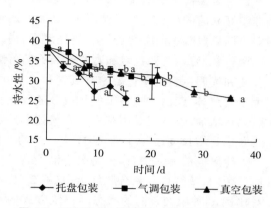

图 5-8　不同包装对冷鲜牛肉持水力的影响

时间的延长,可能由于微生物的作用使得冷鲜牛肉的蛋白质降解、组织状态破坏,导致持水性下降。这与试验中 TVB-N 值的变化趋势一致。

(六)不同包装对冷鲜牛肉剪切力的影响

剪切力值是表示嫩度的一个指标,它是肉品内部结构的反映,正常肉剪切力值与嫩度成反比。从图5-9可以看出,随着储藏时间的延长,各包装冷鲜牛肉的剪切力值逐渐下降,气调包装和真空包装组剪切力值显著高于托盘包装,此结果与不同包装对冷鲜牛肉持水性的影响基本一致。托盘包装、气调包装和真空包装在经过 9 d、16 d、21 d 储藏后,剪切力值分别为 50.27 N、62.43 N、62.62 N,与初始值相比,分别下降了 43.56%、29.92%、29.70%。可见气调包装和真空包装可更好地保持冷鲜牛肉的食用品质。

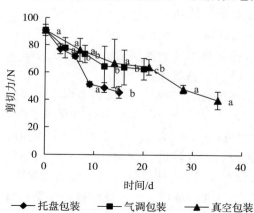

图 5-9　不同包装对冷鲜牛肉剪切力的影响

（七）小结

冷鲜肉是在 0～4℃的低温环境下储藏的,在此环境下许多微生物的生长繁殖受到了抑制,但是一些嗜冷菌仍会生长繁殖,导致肉类的腐败变质。研究报道高氧气调包装会促进好氧菌的繁殖,而抑制严格厌氧菌的生长,真空包装等低氧包装则抑制好氧菌的生长。通常情况下,高氧气调包装中假单胞菌为优势菌群,而乳酸菌则为低氧包装中的优势菌群。研究发现,前期真空包装菌落总数多于托盘包装和气调包装,后期气调包装和真空包装的菌落总数显著少于托盘包装,分析认为托盘包装和气调包装由于包装中有氧气和二氧化碳的存在,在前期抑制了菌落总数的大量繁殖,后期由于包装中气体成分随着微生物的增长而发生变化,表现为菌落总数大量增加;真空包装中基本没有气体,导致前期乳酸菌等厌氧菌快速繁殖,后期逐渐稳定增长。这与本研究中 TVB-N 的变化规律一致。

冷鲜肉的品质中,肉色是吸引消费者的主要因素。肉的颜色主要取决于脱氧肌红蛋白(紫红色)、氧合肌红蛋白(鲜红色)和高铁肌红蛋白(红褐色)的含量和相对比例,3 种肌红蛋白的状态因包装方式的不同而互相转化,进而影响肉的颜色。研究结果表明,与托盘包装相比,真空包装和气调包装均能显著改善肉色,但是真空包装需要在打开包装氧合一定时间后才能表现出较好的肉色。从消费者购买的角度来看,气调包装更有利于吸引消费者。

肉品的品质,包括可以直观显示的肉色,还有持水性、剪切力等指标。持水性反映肉品保持自身水分及外加水分的能力,与肉品的颜色、多汁性、嫩度等食用品质密切相关。剪切力是表示肉品嫩度的指标,它是肉品内部结构的反映,在一定程度上反映了肌肉中肌原纤维和结缔组织记忆肌肉脂肪的含量、分布及化学结构的状态。研究发现,随着储藏时间的延长,牛肉的持水性和剪切力基本呈"直线"下降的趋势,主要是肉品组织结构的破坏,导致肉品持水性和剪切力的下降,这与试验中随着储藏时间的延长,肉品菌落总数和 TVB-N 值增加相一致。

国内外针对气调包装对冷鲜肉的品质影响已有报道。胡长利等报道在 0～4℃条件下,气调组成为 45% O_2＋45% CO_2＋10% N_2时,牛臀肉可以保藏 20 d,并保持色泽稳定;Suhivan 研究表明气体组成为 50% O_2＋20% CO_2＋30% N_2时,包装牛肉具有较好的感官品质。由于试验原料与环境的不同,对于气调包装中气体组成和浓度的研究结论不尽相同,但可以肯定的是,气调包装与托盘包装相比,可显著延长牛肉的货架期;与真空包装相比,气调包装产品更易被消费者接受。因此,从货架期和消费者接受的角度来看,气调包装适用于冷鲜肉的包装。

四、包装材料对牦牛肉冷藏保鲜效果的影响

（一）不同阻隔性包装材料对冷鲜牛肉菌落总数的影响

菌落总数是食品品质的重要评价指标，反映食品的新鲜度。由图 5-10 可看出，随着储藏时间的延长，各处理组的菌落总数呈增大趋势，且低阻隔组菌落总数显著大于中阻隔和高阻隔组（$P<0.05$），这与李念报道包装材料的阻隔性越高、氧气的透过率越低、腐败菌的增殖速度越慢、储存时间越长相一致。低、中、高 3 种阻隔材料包装牛肉的菌落总数分别在 0～4℃ 储藏的第 7 天、21 天、21 天左右达到《农产品安全质量　无公害畜禽肉安全要求》（GB 18406.3—

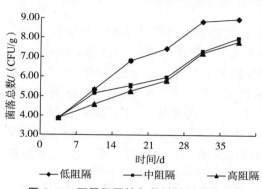

图 5-10　不同阻隔性包装材料对储藏期间
牛肉菌落总数的影响

2001）规定的菌落总数的最大限制 6 CFU/g，说明高阻隔材料包装可有效抑制包装中微生物的繁殖，从而延长样品的货架期。

（二）不同阻隔性包装材料对冷鲜牛肉 TVB-N 值的影响

挥发性盐基氮（TVB-N）是肉品中的水浸液在碱性条件下能与水蒸气一起蒸馏出来的总氮量，是评价肉品鲜度的重要指标。试验初始牛肉 TVB-N 含量为 7.33 mg/100 g，储藏期间 TVB-N 的变化趋势如图 5-11 所示，几组样品的 TVB-N 值随储藏时间的延长呈现持续上升的趋势，其中低阻隔组牛肉的 TVB-N 含量增长最快，中、高阻隔组 TVB-N 含量增长较缓慢，储藏期间，中、高阻隔组牛肉 TVB-N 的含量和增长速度显著低于低阻隔组（$P<0.05$）。低、中、高 3 种阻隔材料包装牛肉

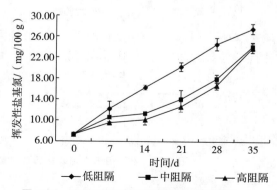

图 5-11　不同阻隔性包装材料对储藏期间
牛肉 TVB-N 的影响

的 TVB-N 值分别在 0～4℃储藏的第 7 天、21 天、21 天左右达到 GB 2707—2016 规定的 TVB-N 值最大限制 15 mg/100 g，这说明高阻隔材料包装材料可有效抑制包装中微生物的繁殖，从而减缓蛋白质的降解，降低 TVB-N 含量的升高速度，使牛肉的品质缓慢下降。

(三)不同阻隔性包装材料对冷鲜牛肉色差值的影响

肉品颜色是肉品感官品质的重要指标，是消费者选购产品的主要依据。由于牛肉的亮度值 L^* 和红度值 a^* 能客观地反映牛肉的颜色变化，因此本试验选择 L^* 值和 a^* 值作为牛肉色泽的评价指标，结果如图 5-12 所示。从图 5-12 中可见，低阻隔和高阻隔组的 L^* 值逐渐增大，中阻隔组的 L^* 呈波动变化趋势，且低阻隔组和高阻隔组的 L^* 值显著大于中阻隔组($P<0.05$)。亮度值 L^* 反映肉样表面水分对光的反射能力，肉样表面水分含量大则反射能力强，L^* 值大。初步分析认为中阻隔组为真空包装，而低阻隔和高阻隔组为热收缩包装经过冷热刺激，破坏了肉样组织结构，导致其保水性下降，肌肉内部水分渗出，使肉样表面自由水增多，结果表现为低阻隔和高阻隔组亮度值 L^* 大于中阻隔组。红度值 a^* 与肌红蛋白和氧气发生反应生成鲜红色的氧合肌红蛋白有关。从图中可见，各处理组 a^* 值先增大后减少，这是因为开始时牛肉处于有氧状态，肌红蛋白和氧气发生反应暂时生成不稳定的鲜红色氧合肌红蛋白，随着储藏时间的延长，由于氧气消耗，形成大量的高铁肌红蛋白，高铁肌红蛋白的大量积累，导致肉发生褐变，红度值 a^* 下降。说明高阻隔热收缩包装有利于牛肉色泽的保持，延缓牛肉色泽的劣变。

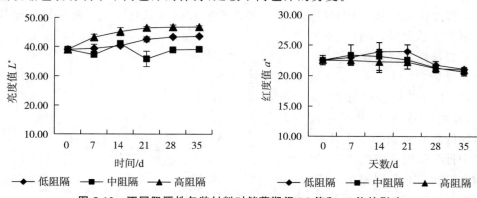

图 5-12　不同阻隔性包装材料对储藏期间 L^* 值和 a^* 值的影响

（四）不同阻隔性包装材料对冷鲜牛肉持水性的影响

持水性与肉品的颜色、多汁性、嫩度等食用品质密切相关,还会影响食品的感官品质,也是评价食品品质的一个重要指标。从图 5-13 不同阻隔性包装材料对储藏期间牛肉持水性的影响可以看出,各组的持水性基本上是随着储藏时间的延长而逐渐下降;中阻隔和高阻隔组牛肉的持水性下降较低阻隔组慢,这说明材料阻隔性越高,牛肉的持水性越好。

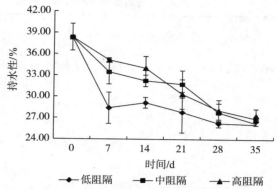

图 5-13 不同阻隔性包装材料对储藏期间
牛肉持水性的影响

（五）不同阻隔性包装材料对冷鲜牛肉剪切力的影响

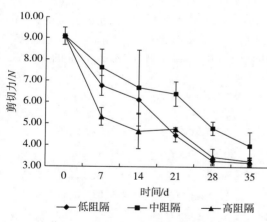

图 5-14 不同阻隔性包装材料对储藏期间
牛肉剪切力的影响

剪切力反映肉品的嫩度,与肉品的食用品质和加工品质密切相关。从图 5-14 可以看出,随着储藏时间的延长,各包装组牛肉的剪切力逐渐降低(高阻隔组第 21 天除外),且差异显著($P<0.05$)。低阻隔和高阻隔热收缩包装组的剪切力小于中阻隔真空包装组,分析认为热收缩包装经过骤热和骤冷过程破坏了牛肉的肌纤维结构,导致牛肉剪切力下降。说明热收缩包装可显著降低牛肉的剪切力,改善牛肉的嫩度,提高牛肉的食用品质。

（六）不同阻隔性包装材料对冷鲜牛肉质构指标的影响

质构指标是反映产品品质及消费者可接受性的重要指标。质地剖面分析（TPA）模式是模拟口腔的咀嚼运动而开发出的用于客观评价产品品质的力学测定方法。不同阻隔性包装材料对冷鲜牛肉硬度、弹性、内聚性和咀嚼性等质构指标的影响如表 5-3 所示。

表 5-3　不同阻隔性包装材料对储藏期间牛肉质构指标的影响

指标	时间/d	处理		
		低阻隔	中阻隔	高阻隔
硬度/(kg/cm)	0	16.00±0.74^a	16.00±0.74^{ab}	16.00±0.74^{ab}
	7	16.22±0.87^{aAB}	13.76±1.89^{cB}	17.29±0.76^{aA}
	14	15.46±0.84^{ab}	15.25±0.82^{abc}	16.613±0.23^a
	21	14.35±1.19^{bcA}	16.89±0.93^{aB}	15.89±0.48^{abAB}
	28	13.43±0.43^{cA}	16.86±0.34^{aB}	14.65±2.11^{bAB}
	35	12.96±0.60^{cA}	14.60±0.23^{bcB}	14.35±0.31^{bB}
弹性/mm	0	0.52±0.05^a	0.52±0.05	0.52±0.05
	7	0.51±0.03^a	0.49±0.02	0.514±0.04
	14	0.45±0.03^b	0.49±0.03	0.518±0.04
	21	0.53±0.02^a	0.53±0.06	0.503±0.02
	28	0.48±0.01^{ab}	0.50±0.02	0.502±0.03
	35	0.48±0.02^{ab}	0.51±0.08	0.550±0.02
内聚性	0	0.59±0.02^a	0.59±0.02	0.59±0.02^a
	7	0.56±0.01^{abA}	0.56±0.01^A	0.59±0.02^{aB}
	14	0.56±0.02^{ab}	0.53±0.05	0.57±0.02^{abc}
	21	0.54±0.03^b	0.54±0.03	0.57±0.02^{ab}
	28	0.56±0.02^{ab}	0.58±0.71	0.55±0.00^{bc}
	35	0.58±0.00^{ab}	0.51±0.07	0.54±0.02^c
咀嚼性	0	4.93±0.51^a	4.93±0.51^a	4.93±0.51^{ab}
	7	4.59±0.14^{abAB}	3.79±0.46^{bB}	5.23±0.50^{aA}
	14	3.94±0.15^{cA}	4.07±0.51^{abAB}	4.92±0.60^{abB}
	21	4.15±0.52^{bc}	4.81±0.45^a	4.56±0.26^{ab}
	28	3.60±0.10^{cA}	4.88±0.54^{aB}	4.06±0.83^{bAB}
	35	3.60±0.35^{cA}	3.73±0.13^{bAB}	4.23±0.29^{abB}

注:表中同一指标同列上标相同小写字母或无上标表示差异不显著($P>0.05$),同列上标不同小写字母表示差异显著($P<0.05$);表中同一指标同行上标相同大写字母或无上标表示差异不显著($P>0.05$),同行上标不同大写字母表示差异显著($P<0.05$)。

硬度反映了食品保持原有形状的内部结合力,决定了肉的食用品质。低阻隔和高阻隔热处理组样品的硬度在储藏期间先上升后下降,且高阻隔组硬度下降速度较慢;中阻隔处理组样品的硬度先下降再缓慢上升再下降。分析认为低阻隔和高阻隔组由于热收缩作用,使牛肉硬度迅速上升,之后由于牛肉结构在微生物及酶的作用下逐渐破坏,使得硬度呈现先上升后下降的趋势,由于高阻隔材料可更好抑制微生物的繁殖,所以高阻隔组硬度下降较慢;中阻隔处理组为真空包装,没有热收缩过程,牛肉硬度上升较慢,随后也在微生物及酶的作用下呈下降趋势。说明真空包装可延迟牛肉硬度的上升,热收缩包装可促进牛肉硬度的上升;高阻隔材料有利于牛肉咀嚼性的保持。样品的弹性反映在外力作用下的恢复程度,是肉品组织结构的重要参数。由表5-3可见,牛肉的弹性在储藏期间与初始值相比总体呈现下降趋势,随着储藏时间的延长,蛋白质的大量变性导致肌肉间结合力的下降,从而造成牛肉弹性下降。在储藏期间只有低阻隔组差异显著($P<0.05$),中阻隔和高阻隔组差异不显著($P>0.05$)。说明中阻隔和高阻隔材料有利于牛肉弹性的保持。内聚性也是反映肉品质构的主要指标之一。低阻隔和高阻隔热收缩包装组牛肉的内聚性呈现显著下降($P<0.05$),中阻隔真空组差异不显著($P>0.05$)。从数值上看,高阻隔组内聚性较大,说明高阻隔包装材料有利于牛肉内聚性的保持。咀嚼性反映样品对咀嚼发生时的持续抵抗,是对牛肉质地的综合评价参数。低阻隔和高阻隔热处理组样品的咀嚼性在储藏期间先上升后下降,且高阻隔组硬度下降速度较慢;中阻隔处理组样品的咀嚼性先下降再缓慢上升再下降,与样品硬度的变化趋势一致。说明真空包装可延迟牛肉咀嚼性的上升,热收缩包装可促进牛肉咀嚼性的上升;高阻隔材料有利于牛肉咀嚼性的保持。

总体来看,各处理组牛肉质构指标均随储藏时间的延长呈现下降趋势,表明牛肉的质构品质在不断地下降,但是高阻隔热收缩包装牛肉的质构指标下降速度较慢,说明高阻隔热收缩包装可延缓牛肉硬度、弹性、内聚性、咀嚼性等质构指标的劣变,使牛肉具有更好的质构品质。

(七)小结

中阻隔和高阻隔包装材料显著抑制包装袋中微生物的生长、减缓 TVB-N 值的升高、延长牛肉的货架期;热收缩包装较真空包装可使牛肉具有更好色泽、剪切力、硬度、弹性、内聚性和咀嚼性。由此可见,高阻隔材料热收缩包装能更好保持冷鲜牛肉的色泽、延缓品质指标的劣变、延长货架期。

五、运输温度变化对牦牛肉品质的影响

（一）运输温度对牦牛肉汁液损失率的影响

汁液损失率是畜产品品质的重要评价指标之一，可反映肉品的持水性能。由表 5-4 可知，随运输温度的升高，牦牛肉的汁液损失率显著增加（$P<0.05$），说明运输温度的升高对托盘包装冷鲜牦牛肉的汁液损失率影响较大；随着储藏时间的延长，牦牛肉的汁液损失率也显著增加（$P<0.05$），表现为储藏时间越长汁液损失越严重，说明储藏时间对牦牛肉的汁液损失也有较大影响。运输温度越高肉样表面微生物的生产繁殖速度越快，储藏时间越久微生物总量越大，肉样中的蛋白质被分解，进而造成组织结构破坏，大量汁液流出，汁液损失增加。

表 5-4　运输温度对牦牛肉汁液损失率的影响　　　　　　　　　　　　　%

储藏时间/d	运输温度/℃				
	4	6	8	10	12
0	2.45±0.17aA	3.34±0.35bA	3.65±0.52bA	4.97±0.46cA	5.41±0.58cA
2	3.29±0.19aAB	4.40±1.11abAB	4.98±1.57abAB	5.31±0.86abAB	5.74±1.00bA
4	4.56±0.67aB	5.19±1.27abBC	6.69±0.47bBC	6.97±1.31bBC	6.34±0.52bAB
6	6.59±1.32aC	6.70±0.85aBC	7.23±1.11aBC	7.86±1.61aC	8.02±2.29aAB
8	7.83±0.66aC	8.20±0.56aC	8.61±1.85aC	8.68±0.44aC	9.36±2.77aB

注：小写字母表示相同储藏时间不同运输温度下指标差异显著（$P<0.05$）；大写字母表示相同运输温度下不同储藏时间指标差异显著（$P<0.05$）。下同。

（二）运输温度对牦牛肉蒸煮损失率的影响

蒸煮损失是肉样在加热过程中由于水分流失而引起的重量损失。由表 5-5 可知，在运输温度波动范围内，随着运输温度的增加，蒸煮损失率显著增加（$P<0.05$），说明运输温度波动对牦牛肉的蒸煮损失率影响较大；随着储藏时间的延长，牦牛肉的蒸煮损失也显著增加（$P<0.05$），说明储藏时间对牦牛肉的蒸煮损失影响也较大。随着运输温度的升高和储藏时间的延长，肉样中微生物增殖和内源酶进一步发挥作用导致肌肉蛋白降解和组织结构破坏，进而使得其持水能力降低，蒸煮损失率增大。

表 5-5　运输温度对牦牛肉蒸煮损失率的影响　　　　　　　　　　　　%

储藏时间/d	运输温度/℃				
	4	6	8	10	12
0	26.72±1.63aA	26.97±1.10aA	28.40±0.60abA	31.09±2.02bA	31.91±3.72bA
2	27.35±1.02aA	28.85±3.08aAB	31.12±2.08abAB	33.46±1.40bAB	33.92±1.89bAB
4	29.65±2.05aAB	30.87±3.18aABC	33.21±1.21abABC	35.95±3.35bAB	36.33±2.69bAB
6	30.84±2.13aAB	33.98±3.22abBC	35.73±3.71abBC	37.88±3.37bB	38.00±3.16bB
8	34.17±4.18aB	35.16±3.48aC	37.44±3.88aC	38.82±3.31aB	38.97±3.42aB

(三)运输温度对牦牛肉肉色的影响

肉色是影响消费者购买的主要因素之一。由表 5-6 可知,在运输温度波动范围内,随着运输温度的升高,L^* 值呈现上升的趋势,a^* 值呈现下降趋势,但是 L^* 值和 a^* 值的变化差异均不显著,说明运输温度波动对牦牛肉肉色的影响较小。随着储藏时间的延长,牦牛肉的 L^* 值显著增加($P<0.05$),a^* 值显著降低($P<0.05$),说明储藏时间对牦牛肉肉色的影响较大。

表 5-6　运输温度对牦牛肉 L^* 和 a^* 值的影响

指标	储藏时间/d	运输温度/℃				
		4	6	8	10	12
L^*	0	29.39±0.28A	29.99±0.28A	29.85±1.95A	31.74±2.01A	32.38±2.05A
	2	30.04±1.36AB	30.65±1.39AB	31.12±1.97AB	33.01±2.19AB	33.92±2.62AB
	4	33.42±2.03BC	34.10±2.08BC	32.37±2.15AB	34.26±1.45AB	35.37±1.22AB
	6	35.50±3.28CD	36.22±3.35CD	33.26±1.81AB	35.50±1.64AB	36.78±1.45B
	8	37.56±1.38D	38.32±141D	34.15±2.00B	36.50±2.79B	37.23±2.85B
a^*	0	17.32±1.28C	17.67±1.31C	17.24±0.84B	16.54±1.16C	15.97±1.36B
	2	16.41±2.41BC	16.75±2.46BC	16.21±1.14BC	15.83±1.22BC	15.33±1.47AB
	4	14.97±1.27ABC	15.24±1.29ABC	15.85±1.42AB	14.74±0.51ABC	14.45±0.92AB
	6	13.46±2.16AB	13.73±2.20AB	14.48±0.52AB	13.51±1.06AB	13.33±1.77A
	8	12.51±1.62A	12.77±1.65A	13.24±1.04A	12.49±2.12A	11.91±1.15A

(四)运输温度对牦牛肉剪切力的影响

剪切力直接反映肉品的嫩度,是影响肉品加工品质和食用品质的主要因素之一。由表 5-7 可知,随着运输温度的升高,牦牛肉的剪切力值呈显著下降趋势($P<0.05$),说明运输温度对牦牛肉的嫩度有较大影响;随着储藏时间的延长,牦牛肉的剪切力值也显著下降($P<0.05$),说明储藏时间对牦牛肉的嫩度影响也较大。剪切力值降低反映了肉品的品质得到改善,这一结果与文献报道的结果一致,但实际应用中要选择合理的运输温度和储藏时间,以避免影响肉品的质量和货架寿命。

表 5-7　运输温度对牦牛肉剪切力的影响　　　　　　　　　　　　　　N

储藏时间/d	运输温度/℃				
	4	6	8	10	12
0	45.34±1.39aD	45.18±2.54abC	42.64±2.41bcC	39.75±1.58cC	38.87±1.37cC
2	41.13±1.54aD	41.97±1.58aC	38.97±1.55abC	36.95±2.86bC	37.26±1.88bC
4	36.72±2.13aC	37.47±2.18aB	36.22±2.80aBC	34.13±3.04aBC	34.02±3.34aBC
6	32.64±2.56aB	33.31±2.61aA	33.46±2.98aAB	32.24±2.68aAB	32.02±1.14aAB
8	31.00±1.97aA	31.64±2.01aA	31.61±2.63aA	30.91±1.31aA	30.21±1.58aA

(五)运输温度对牦牛肉挥发性盐基氮含量的影响

TVB-N 是肉品鲜度评价的重要指标,也是评价肉品货架期的主要指标。由表 5-8 可知,随着运输温度的升高,牦牛肉的 TVB-N 含量呈显著增加趋势($P<0.05$),说明运输温度对牦牛肉的 TVB-N 含量有较大影响;随储藏时间的延长,牦牛肉的 TVB-N 含量也显著增加($P<0.05$),说明运输温度对牦牛肉 TVB-N 含量的影响也较大。随着运输温度的升高和储藏时间的延长,会促进肉品中的微生物大量分解肌肉中的蛋白质,产生氨及胺类等碱性物质,导致了牦牛肉的 TVB-N 含量增加。在 4℃、6℃、8℃、10℃、12℃条件下运输 4 h 后,牦牛肉的 TVB-N 含量分别在储藏(4℃)的第 8 天、8 天、6 天、4 天达到 15 mg/100 g 的水平,仍然符合一级鲜肉的标准(GB 2707—2016),说明运输温度波动越小,越有利于延长牦牛肉的货架期。

表 5-8　运输温度对牦牛肉挥发性盐基氮含量的影响　　　　　　　　mg/100g

储藏时间/d	运输温度/℃				
	4	6	8	10	12
0	7.36±0.16aA	7.51±0.16abA	8.35±0.43bA	9.37±0.54cA	10.32±0.83dA
2	8.29±0.31aA	8.50±0.37aA	9.18±0.53aA	11.21±1.25bA	12.02±1.14bAB
4	10.61±0.85aB	10.92±0.81aB	10.99±1.23aB	13.76±0.88bB	14.06±1.24bBC
6	12.45±0.55aC	12.85±0.56aC	13.49±0.87abC	14.78±1.25bcBC	15.74±1.27cCD
8	14.36±1.20aD	14.75±1.16aD	15.79±0.98abD	16.11±1.00abC	17.39±1.12bD

（六）运输温度对牦牛肉菌落总数的影响

菌落总数是反映肉品鲜度和货架期的重要指标。由表 5-9 可知,随着运输温度的升高,牦牛肉的菌落总数显著增加（$P<0.05$）,说明运输温度对牦牛肉的菌落总数影响较大;随储藏时间的延长,牦牛肉的菌落总数也显著增加（$P<0.05$）,表明储藏时间对菌落总数的影响也较大。温度和繁殖时间是影响微生物数量的主要因素,随着运输温度的增加和储藏时间的延长,提供了微生物迅速增殖的条件,导致微生物数量增加,此变化规律与 TVB-N 含量的变化趋势一致。在 4℃、6℃、8℃、10℃、12℃运输 4 h 后,牛肉的菌落总数分别在储藏（4℃）的第 8 天、8 天、6 天、4 天、2 天达到 6 CFU/g 的水平,仍然符合无公害畜产品的标准（GB 18406.3—2001）,说明运输温度越低,越有利于牦牛肉货架期的保持。

表 5-9　运输温度对牦牛肉菌落总数的影响　　　　　　　　CFU/g

储藏时间/d	运输温度/℃				
	4	6	8	10	12
0	3.97±0.02aA	3.97±0.03aA	4.04±0.05aA	4.73±0.15bA	5.04±0.29cA
2	4.14±0.20aA	4.17±0.17aA	4.65±0.28bB	5.68±0.32cB	5.91±0.23cB
4	4.89±0.08aB	4.88±0.08aB	5.70±0.31bC	6.30±0.52bBC	6.63±0.36cC
6	5.13±0.19aC	5.15±0.21aC	5.95±0.06bC	6.96±0.19cCD	7.70±0.28dD
8	5.99±0.06aD	6.01±0.09aD	6.43±0.34aD	7.25±0.50bD	8.10±0.09cD

（七）相关性分析

对运输温度和储藏时间与牦牛肉各品质指标进行相关性分析,由表 5-10 可知,运输温度与汁液损失率、蒸煮损失率、TVB-N 含量、菌落总数呈显著正相关($P<0.01$),相关系数 r 分别为 0.357、0.532、0.413、0.609;运输温度与剪切力呈显著负相关($P<0.05$),相关系数 r 为 -0.261。储藏时间与汁液损失率、蒸煮损失率、L^* 值、TVB-N 含量、菌落总数呈显著正相关($P<0.01$),相关系数 r 分别为 0.793、0.652、0.732、0.863、0.734;储藏时间与 a^* 值、剪切力呈显著负相关($P<0.01$),相关系数 r 分别为 -0.764、-0.853。

综上可知,储藏时间与各指标的相关性大于运输时间与各指标的相关性,说明对牦牛肉品质和鲜度影响较大的因素是储藏时间,但除色差外,运输温度与牦牛肉各指标也具有显著的相关性,说明控制好运输温度可以更好地延长牦牛肉的货架期。

表 5-10   运输温度和储藏时间与牦牛肉各品质指标的相关性分析

因素	汁液损失率	蒸煮损失率	L^* 值	a^* 值	剪切力	TVB-N 含量	菌落总数
运输温度	0.357**	0.532**	0.196	-0.142	-0.261*	0.413**	0.609**
储藏时间	0.793**	0.652**	0.732**	-0.764**	-0.853**	0.863**	0.734**

注: * 表示显著相关($P<0.05$); ** 表示极显著相关($P<0.01$)。

(八)小结

运输是肉品储运过程中的重要环节,运输温度波动会造成肉品品质的变化,但其变化程度如何的相关研究报道较少。从试验结果可知,随着运输温度的升高,牦牛肉的汁液损失率增加、蒸煮损失率增加、剪切力降低、挥发性盐基氮和菌落总数增加,表明牦牛肉随运输温度的升高,肉品品质呈劣变趋势,这与梁红等的研究结果一致。随储藏时间的延长,牦牛肉的品质也呈现出与运输温度升高相同的变化趋势,与 Sekar 等报道气调包装中随储藏时间的延长牛肉品质劣变一致。

在肉品的储运过程中,影响肉品品质的主要因素是微生物的种类及数量,而储运温度和储藏时间则是影响微生物数量的主要因素。生鲜肉品中微生物一方面来源于胴体;另一方面来源于肉品的加工储运环境。储运过程中的温度波动不可避免,温度升高会引起微生物的大量繁殖,造成菌落总数增加,大量繁殖的微生物使肉品中的结构蛋白被降解及组织结构破坏,影响肉品的持水性能,进而造成汁液损失和蒸煮损失增加,剪切力值降低,同时,微生物分解蛋白质后产生的氨及胺类等碱性含氮物质,会使肉品的 TVB-N 含量增加。

肉样的 L^* 值与其表面水分含量相关,随运输温度的升高和储藏时间的延长,肉样表面中的水分转移增加,使得肉品的 L^* 值升高,此变化趋势与样品汁液流失规律一致。肉样 a^* 值反映肉样鲜红的程度,受肌肉中氧合肌红蛋白含量的影响,氧合肌红蛋白不稳定会继续与氧气反映生成高铁肌红蛋白,导致样品红度值下降;运输温度的升高和储藏时间延长均会加速高铁肌红蛋白的生产,导致肉样的红度值下降。相关性分析表明,储藏时间延长引起的劣变程度大于运输温度波动造成的品质劣变。运输温度升高固然会使微生物大量繁殖,但储藏是一个长期的过程,在此过程中温度波动造成的影响小于时间延长而引起的肉品品质劣变。

运输温度升高和储藏时间延长均使牦牛肉的品质下降,运输温度显著影响牦牛肉的品质,但储藏时间对牦牛肉品质指标的影响大于运输温度。在牦牛肉的储运中,尤其是运输中保持温度较小波动,可最大限度保持牦牛肉具有较好的品质和较长货架期,这为牦牛肉运输过程中的温度控制提供了理论依据。

六、冷鲜肉的储藏方式

我国的冷鲜肉主要以开放式的流通方式为主,由于缺少包装的保护,产品容易受到微生物的污染,严重缩短了产品的货架期,部分企业对冷鲜肉采用真空保鲜的方式进行流通,但是发现其对货架期的延长效果有限,这是由于真空保鲜不能抑制厌氧微生物的生长;市场上销售的冷鲜肉的货架期为 3～5 d,这就严重地缩小了产品的流通半径,损害了企业的经济利益。

保鲜剂的种类有很多,根据其来源,食品保鲜剂可分为化学保鲜剂和天然保鲜剂两大类,其中在冷鲜肉保鲜方面有应用研究的化学保鲜剂主要有乳酸及其盐类、山梨酸及其钾盐类、丙酸及其盐类、柠檬酸、抗坏血酸、混合磷酸盐类等;天然保鲜剂主要有壳聚糖、香辛料及中药提取物、微生物代谢物乳酸链球菌素、溶菌酶等。常见的保鲜技术简述如下。

(一)化学保鲜剂保鲜技术

李清秀等研究了乳酸钠及醋酸对冷鲜肉的保鲜效果,结果表明,将 3％的乳酸钠和 2％的醋酸复配保鲜液喷洒于样品表面,将肉平放于聚乙烯托盘中,保鲜膜封装,4℃条件下储藏,在感官品质良好的情况下,保质期可达 8 d。李红民等将冷却肉浸泡于 1％醋酸＋1％乳酸＋0.2％茶多酚的复合保鲜剂中 60 s,后沥干 10 min,无菌包装储藏于 0～4℃条件下,结果在储藏 6 d 后挥发性盐基氮、大肠菌群、菌落总数均在国家标准要求范围之内,且感官颜色可以接受。严成等将冷鲜牛肉浸泡于 3％的丙酸钙中 1 min,后沥干 30 min,真空包装储藏于 0℃条件下,通过测定挥发性盐基氮(Total Volatile Basic Nitrogen,TVB-N)、pH、菌落总数和感官等指标评定丙酸钙对冷鲜牛肉的保鲜效果,结果表明,此处理可使冷鲜牛肉的储藏期达到

24 d。1％异抗坏血酸钠和1％乙酸复合保鲜液浸泡冷鲜肉 30 s 后自然沥干，4℃储藏，在挥发性盐基氮(TVB-N)、大肠菌群和菌落总数符合国家标准的前提下，可使其货架期达到 9 d。Cosansu 等在鸡腿和鸡胸肉中接种肠炎沙门氏菌，然后在乳酸和乙酸中浸泡 10 min 后检测菌落数发现，对照组和处理组中沙门氏菌菌落数之间存在显著差异($P < 0.05$)，说明乳酸或乙酸处理能有效降低沙门氏菌对冷鲜肉的污染。

(二)天然保鲜剂保鲜技术

防腐保鲜剂在冷鲜肉的储藏保鲜方面研究较多，具有一定的效果。其保鲜机制主要是通过杀灭或抑制冷鲜肉中的微生物，降低脂肪和蛋白氧化，以达到防腐保鲜的效果。多数防腐保鲜剂在研究过程中主要是通过浸泡或喷淋后晾干的方式，在一定程度上使冷鲜肉的重量增加，同时化学保鲜剂的长期摄入会对人体的健康产生一定的影响。天然保鲜剂在冷鲜肉储藏保鲜研究中具有一定的实用性，而香辛料及中药提取物等天然保鲜剂的加入会使冷鲜肉产生异味，不太适合应用于冷鲜肉的保鲜，目前研究最多、最集中、效果相对优良的物质是茶多酚、壳聚糖等。

(三)超高压保鲜技术

作为一种新型的非热加工技术，超高压技术主要通过破坏微生物的细胞壁、细胞膜及细胞间隙的结构，使蛋白质等成分发生变性，使酶活性降低来达到杀菌保鲜的目的，不同压力水平的超高压处理能影响到鲜肉的质量参数，包括改变鲜肉的颜色、质地，其中肉色改变最为明显，超高压处理后，肉色苍白，失去鲜肉的原有鲜红色，表现为亮度和黄度增加，红度降低。根据欧盟对鲜肉的定义，鲜肉是指除了冷藏肉、冻藏肉、速冻肉及真空包装或适当气体包装肉之外的不经任何保藏处理的肉。因此超高压在鲜肉保鲜领域的应用受到了极大限制。此外，不同的压力水平和处理时间可能会导致脂质氧化。

(四)冰温保鲜技术

冰温储藏保鲜技术是继冷藏、冷冻后新兴的第三代保鲜技术，它是一种将生鲜食品放置于 0℃以下、冰点温度以上的一种冷藏方式。冰温储藏可以使食品在维持正常的新陈代谢的基础上，让其生理活性维持在最低的水平，且不会产生冻害和腐败冻害，从而达到长期保鲜的效果。目前，冰温技术的应用研究主要集中在果蔬和水产品方面。目前，冰温保鲜技术的难点在于冷库温度的波动性无法精确控制，而有研究表明，稳定的−1℃冰温能保持肉的一级鲜度 19 d，波动的−1℃冰温只有

12 d。冰温保鲜的温度控制范围需要在 0℃ 以下,冰点以上,而在这一温度范围已超出冷鲜肉的储藏温度,在一定程度上而言,冰温保鲜的"冷鲜肉"已非实际意义上的冷鲜肉。

(五)气调保鲜技术

气调包装保鲜是通过在包装内充入一定的气体,破坏或改变微生物赖以生存繁殖的条件,以减缓包装食品的生化变质,达到保鲜防腐的目的。冷鲜肉气调包装用的气体通常为 CO_2、O_2 和 N_2,或是它们以不同的比例混合,但每种气体对鲜肉的保鲜作用各不相同。另外,在混合气体中加入低浓度 CO 可使冷却肉具有樱桃红色。目前,作为一种冷鲜肉的物理保鲜技术,气调保鲜得到众多研究学者的认可与研究。

(六)辐照保鲜技术

食品辐照保鲜技术是利用电离辐射(γ 射线、电子束或 X 射线)与物质相互作用所产生的物理、化学和生物效应对食品进行加工处理的保藏技术。食品中的微生物受到辐照后吸收射线中能量,化学键断裂,细胞内的化学成分发生变化,导致菌体死亡或失去繁殖能力,从而达到杀菌保鲜、延长货架期和安全食用的目的。辐照对存在于肉类食品中的微生物,如细菌、酵母、霉菌等均有一定的破坏作用。在一般情况下,辐照处理可以减少或清除那些导致肉类食品腐败变质的微生物和病菌,较好的延长了肉类的货架期。

辐照保鲜技术虽然可以有效杀灭肉品中腐败菌和致病菌,较大地延长肉类的货架期,但由于人们目前对于这一技术的普遍认知程度不高,从而抑制了这一技术的发展与应用。1980 年国际原子能机构、联合国粮农组织和世界卫生组织联合组织各国科学家对辐照食品进行毒理学、营养学、辐射化学及微生物学的科研试验,研究表明:对于辐照处理食品平均吸收剂量在 10 kGy 以下时,不会产生毒理学危害,在此剂量及以下剂量处理的食品不再要求进行毒理学试验,同时在营养学和微生物学方面也是安全的。1999 年 WTO 公布:10 kGy 以上剂量的辐照处理,食品也不存在安全性问题。

第三节 冷冻牦牛肉的储藏保鲜

长期以来,冷冻肉因其具有较长的保质期而受到广大消费者的青睐,然而冷冻肉在储藏期间的品质也会发生不同程度的变化,因此,选择合理的冷冻条件对冷冻肉的储藏保鲜是至关重要的。

一、冷冻肉的概念及特点

冷冻肉是畜禽屠宰后,将胴体放置在-28℃以下的冷库中,使其快速冻结,再移至-18℃的环境下保存。经过冻结的肉,其色泽、香味都不如新鲜肉或冷却肉,但因其保存期较长,故仍被广泛采用。从细菌学角度来说,当肉被冷冻至-18℃后,大部分微生物物质代谢中的各种生化反应都会减缓,使其生长繁殖受到抑制,所以比较热鲜肉和冷鲜肉,冷冻肉具有更安全更卫生的优势。但是,在冻结过程中,肌肉内的水分在形成冰晶时体积会增长,从而使肌肉的组织遭到一定程度的破坏。而在解冻时,水分的流失也会带走大量的营养成分,使肉品的风味下降,影响口感。

冷冻肉的品质主要有如下特点:

(1)细菌不会大量繁殖,酶活力大大降低,可以较长时间保存。

(2)冷冻肉由于水分的冻结,肉体变硬,冻肉表面与冷冻室温度存在差异,引起肉体水分蒸发,肉质老化干枯无味。

(3)冷冻肉的肌红蛋白被氧化,肉体表面由色泽鲜明逐渐变为暗褐色。

(4)随着温度渐降,肉组织内部形成个别冰晶核,并不断从周围吸收水分,肌细胞内水分也不断渗入肌纤维的间隙内,冰晶加大,从而使细胞脱水变形。由于大冰晶的压迫,造成肌细胞破损,从而使解冻时肉汁大量流失,营养成分减少,风味改变。

(5)如果冻结时间过长,亦会引起蛋白质的冻结变性。解冻后,蛋白质丧失了与胶体结合水再结合的可逆性,冻肉烹制的菜肴在口感、味道方面较差。

二、冷冻肉储藏过程中的品质变化

(一)肉色的改变

肉的颜色会随着冷冻保存时间的增加,而逐渐变暗。肉色是人们在消费中对于肉类品质最直接的评判标准。肌肉的色泽主要是由肌肉中所含肌红蛋白的数量所决定的。肌红蛋白是水溶性蛋白,对肉色起决定作用的则是肌红蛋白中铁原子的氧化状态。在低温环境下,肌肉自身的生物化学变化受到了抑制,肌红蛋白被氧化成为高铁肌红蛋白的速度也减慢。虽然在低温下生物化学反应速度被抑制了,可是并没有完全停止,所以,随着储藏时间的延长,肉品中的各种生物化学反应还是在缓慢发生,肉色也会渐渐的发生改变。而且,在低温下,一些耐冷微生物分泌

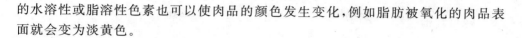

的水溶性或脂溶性色素也可以使肉品的颜色发生变化,例如脂肪被氧化的肉品表面就会变为淡黄色。

(二)组织结构的变化

造成冷冻肉组织结构变化的主要原因是冰晶的机械破坏作用。在冻结过程中,由于纤维内部水分外移,因而造成纤维的脱水和收缩,使纤维内蛋白质质点靠近和集合。肌肉组织内的水分冻结后,体积约增大 9%。因此,当肉被冻结后,在肉中形成的冰结晶必然要对组织产生一定的机械压力。如快速冻结,由于生成的冻结晶较小,相对地由此所产生的单位面积压力不大,并且由于肌肉具有一定的弹性,因此尚不致引起肌肉组织破坏。但如缓慢冻结,因为形成的冻结晶体积大,且分布不均匀,因而由冰结晶所产生的单位面积上的压力很大,引起组织结构的损伤和破坏。这种由于冰结晶所引起的组织破坏是机械性的,不可逆的。在解冻时会造成大量的肉汁流失。

(三)胶体性质的变化

冻结会使肌肉蛋白质胶体性质破坏,从而降低肉的品质。蛋白质胶体性质破坏的原因是由于在冻结过程中蛋白质发生变性。

在肉类冻结时,随着冰晶析出量的增加,残液部分中酸类的浓度亦即随之相应增加。这时,一方面,由于盐类浓度增加而使蛋白质发生盐析作用,使溶液中可溶性蛋白质逐渐减少;另一方面,水分冻结对蛋白质引起机械的破坏作用,因而溶液中蛋白质所起的缓冲作用也就逐渐减弱。溶液中的氢离子浓度即趋增加。所以在冻结之后,肉中酸类即使有少量增减,对氢离子浓度也有很大影响,从而促进了蛋白质的变性。例如牛肉汁在 pH 6~7 时,变性程度低而稳定,但当低于 6.0 时,变性即急速增加。

其次是结合水的冻结,肌肉纤维内的原生质为胶体状态,在该胶体中的主要分散质为蛋白质。而蛋白质分子周围有与蛋白质亲和力很强的结合水存在。冻结过程中,自由水先发生冻结。随着温度的继续下降,冻结的水量逐渐增加。当冻结水量超过一定范围时,即发生了结合水的冻结。结合水的冻结使胶体质点的结构遭受了机械破坏作用,减弱了蛋白质对水的亲和力。在解冻时,这部分水不能被蛋白质质点所吸附,而使蛋白质丧失了结合水,成为脱水型的蛋白质。这样就使蛋白质质点易于凝集沉淀,丧失其可逆性,而使细胞内原生质不能再回复到冻结前的那种胶体状态。

(四)其他变化

肉在冻藏中还有干缩、汁液流失、微生物和酶的作用等其他变化。

干缩的程度因空气的条件(温度、湿度、流速)、肉的等级和大小、包装状态而不同。当温度高、湿度低、空气流速快、冷藏时间长、脂肪含量少、形状小、无包装的情况下,干缩量显著增大。上述各种条件同时显著不利时,可以使肉质变为海绵状,使肉质和脂肪严重氧化。这是因为在冻结时的干缩与冰的升华相似。在这个过程中,没有水分的移动。因此,冻结肉表层水分蒸发后就形成一层脱水的海绵状层。海绵状层下的冰晶继续升华,以水蒸气的状态透过表层,海绵状层即由此而不断加深。而另一方面则进行着空气的扩散,使空气不断积累在逐渐加深的脱水海绵状层中,致使肉中形成一层具有高度活性的表层,在这里发生着强烈的氧化作用,并吸附各种气味。

冻藏肉解冻时,内部的冰结晶融化成水,但此时的水不能完全被组织所吸收,因而流出于组织之外称为汁液流失。汁液流失的多少可作为确定冻结肉品质好坏的指标之一。一般认为自由失水是指解冻时和解冻后自然流出的汁液;在自由流失之外,再加以 $98\sim1~862~kPa$ 的压力所流出来的汁液称之为可榨出流失,两者总称为汁液流失。

当原料新鲜冻结速度快,冻藏温度低且稳定,冻藏时间短者,一般流失汁液少。冻结以后马上解冻,则几乎不发生汁液流失。汁液流失随着冻结状态时间的延长而增加,但到一定的最大值后则不再增加。发生汁液流失的原因基本上是由于蛋白质胶体发生的不可逆变化,使原来处于凝胶结构中的水分不能继续保持而流出组织之外。

当冻藏温度较低时,微生物不易生长和繁殖。但是如果冻结肉在冻藏前已被细菌或霉菌污染,或者在冻藏条件不好的情况下冻藏时,冻结肉的表面也会出现细菌和霉菌的菌落。

三、冷冻工艺

20 世纪 90 年代以来,国内外对改进食品的冷冻工艺、延长食品冷藏期的研究和新技术的推广,给予了较大的关注。肉的冻结工艺通常分为两阶段冻结工艺和直接冻结工艺两种,许多国家主张采用直接冻结工艺,而英、美、德有关方面则仍主张采用先预冷后冻结的两阶段冻结工艺。

（一）两阶段冻结工艺

我国的肉类冻结普遍采用在两个蒸发温度系统，即−15℃冷却系统和−33℃冻结系统。一般将经过加工整理后的肉胴体先送入冷却间进行冷却，待肉体温度冷却至0～4℃时再送入冻结间进行冻结。冻结间温度一般为−25～−23℃，空气相对湿度以90%左右为宜，空气流速为2～3 m/s。

（二）直接冻结工艺

直接冻结工艺即将屠宰加工后的肉体，经冷却间滴干体表水后，不经过冷却过程直接送入冻结间，进行冻结的工艺。肉在直接冻结时，在低温和较大空气流速作用下，促使肉体深处的热量迅速向表层散热。同时，由于肉体表面迅速冻结，导热系数随着冰层的形成得以增大2～3倍，更加快了肉体深处的散热速度，使肉体温度能在16～20 h内达到−15℃而完成冻结过程。

（三）两种冻结工艺的比较

与两阶段冻结工艺相比，直接冻结工艺有如下优点：

缩短了加工时间：一般直接冻结的时间在20 h以内，肉体温度即可达到−15℃，冷加工工艺周期为24 h。而两阶段冻结法的冻结时间为36 h，冷加工工艺周期为48 h。可见，采用直接冻结工艺可节约冷加工时间约50%。

减少水分蒸发、降低了干耗：有关研究证明采用直接冻结工艺生产的冻肉其干耗损失约比两阶段冻结工艺生产的冻肉降低0.88%；经过5～18个月的储藏，其冷藏过程中干耗偏大，但两种冻结工艺的冻结和冻藏的干耗量基本相等。实际上冻肉的储藏时间一般在半年以内，因此采用直接冻结工艺的冻肉干耗损失要小于两阶段冻结工艺。

节省电量：有报道指出，采用直接冻结工艺每冻结1 t肉耗电量为63 kW·h，而采用两阶段冻结工艺每冻结1 t肉耗电量为80.6 kW·h，可见直接冻结比两阶段冻结每吨肉省电17.6 kW·h。

减少了建筑面积，降低了投资成本：以每日冻结间生产100 t冻肉的冷库为例，仅需两间40 t的凉肉间，不需要再建冷却间，约可减少30%的建筑面积，从而节省了基本建设投资。

节省了劳动力：由于直接冻结不经过冷却过程，因此可以减少搬运量，可节省约50%的劳动力。

但是直接冻结工艺也有其缺点，主要为：会使肉体出现寒冷收缩现象，尤其对羊、牛肉的影响较大,使其质量有所降低。此外,直接冻结工艺还要求冻结间配置有较大的冻结设备和较严格的工艺。

四、肉品的冻结方法

食品的冻结方法及装置多种多样,分类方式不尽相同。按冷却介质与食品的接触方式可分为空气冻结法、间接接触冻结法和直接接触冻结法3种。此外,随着冻结技术的发展,也有被膜包裹冻结法、均温冻结法和高压冷冻法等新兴冻结方式兴起。

(一)空气冻结法

在冻结过程中,冷空气以自然对流或强制对流的方式与食品换热。由于空气的导热性差,与食品间的换热系数小,故所需的冻结时间较长。但是空气资源丰富,无任何毒副作用,其热力性质早已为人们熟知,所以用空气作介质进行冻结仍是目前最广泛的一种冻结方法。

空气式冻结装置是以空气为中间媒体,冷热由制冷剂传向空气,再由空气传给食品的冻结装置。其类型有鼓风型、流态化型、隧道型、螺旋型等多种。目前,冷冻食品推荐常用的空气式冻结装置有隧道式连续冻结装置、流态化单体连续冻结装置、螺旋式连续冻结装置。

(二)间接接触冻结法

间接冻结法是指把食品放在制冷剂或载冷剂冷却的板、盘、带或其他冷壁上,与冷壁直接接触,但与制冷剂或载冷剂间接接触。对于固态食品,可将食品加工为具有平坦表面的形状,使冷壁与食品的一个或两个平面接触。对于液态食品,则用泵送方法使食品通过冷壁热交换,冻成半融状态。如有用盐水等制冷剂冷却空心金属板等,金属板与食品的单面或双面接触降温的冻结装置。其装置类型有平板冻结装置、钢带式冻结装置、回转式冻结装置等。由于不用鼓风机,因此动力消耗低、食品干耗小、品质优良、操作简单,其缺点是冻结后食品形状难以控制。

(三)直接接触冻结法

该方法要求食品与不冻液直接接触,食品在与不冻液换热后,迅速降温冻结。食品与不冻液接触的方法有喷淋、浸渍法,或者两种方法同时使用。

盐水浸渍式冻结装置:用盐水等作制冷剂,在低温下将食品直接浸在制冷剂中或将制冷剂直接喷淋于食品上使之冻结的装置。其制冷剂有液态氮、盐水、丙二醇等,因制冷剂直接与食品全面接触,所以冻结时间短、食品干耗小、色泽好。尽管要求使用的冷冻液无毒、无异味、经济等,但还是存在着食品卫生问题,故一般不适用于未包装食品的冻结。

液化气式连续冻结:利用沸点很低的制冷剂(如液氮或二氧化碳)在极低温下进行变态、吸热蒸发或升华的特性,将食品急速冻结下来的超急速冻结装置,其类型有隧道式和螺旋式。液氮的使用方法有液浸、喷淋、冷凝3种。目前,广泛使用的最有效的方法是喷淋法。与其他冻结方式相比,冻结速度快、时间短、干耗小、生产效率高,且食品在冻结中避免了与空气接触,不会产生食品的酸化、变色等问题,是一种高冻结品质的冻结设备,适用于各类食品的冻结,但操作成本高,主要是液氮的消耗和费用高。

(四)被膜包裹冻结法

被膜包裹冻结法也称冰壳冻结法,其程序如下:①被膜形成,根据食品品种和数量,向库内喷射-100～-80℃的液氮或二氧化碳,将库温降至-45℃,使食品表面生成数毫米厚的冰膜,时间5～10 min。必要时可先以维生素 C 溶液喷洒食品表面,形成的冰膜则更有保护作用。②缓慢冷却,当库内温度降至-45℃时,停止液氮喷射,利用冷冻机冷却食品至中心温度0℃止,冷却时间一般为5～30 min。③快速冷却,当食品中心温度降至0℃时,喷液氮7～10 min,使食品温度快速通过最大冰晶生成带0～5℃,时间一般为7～10 min。④冷却保存,停止液氮喷射,用冷冻机将食品降至-18℃以下,时间为40～90 min。

被膜包裹法的特点是,食品冻结时,形成的被膜可以抑制食品的膨胀变形,防止食品龟裂,限制冷却速度,形成的冰晶细微,不会生成最大冰晶抑制细胞破坏,产品自然解冻后口感佳,无老化现象。

(五)均温冻结法

均温冻结法属于浸渍式冻结,但冻结时实行均温处理,其程序如下:将食品浸渍或散布于-40℃以下的冷媒中,使食品中心温度降至冰点附近,以-15℃的大气或者液态冷媒均温;最后用-40℃以下的液态冷媒将食品冷却至终温。

均温处理的结果是使食品在冻结过程中产生的食品内部的膨胀压进行扩散,可防止大型食品龟裂、隆起,适用于大型食品的冷冻。

(六)高压冷冻法

在高压下可以得到0℃以下的不结冰的低温水,如加压到 200 MPa,冷却到

－18℃,水仍不结冰,把此种状态下不结冰的食品迅速解除压力,就可对食品实现速冻,所形成的冰晶体也很细微,这种冷冻方法称为高压冷冻法。

五、冻结肉的储藏

冻结肉储藏间的空气温度通常保持在－18℃以下,在正常情况下温度变化幅度不得超过1℃。在大批进货、出库过程中一昼夜不得超过4℃。冻结肉类的保藏期限取决于保藏的温度、入库前的质量、种类、肥度等因素,其中主要取决于温度。因此对冻结肉类应注意掌握安全储藏,执行先进先出的原则,并经常对产品进行检查。

第六章　牦牛肉加工的共性关键技术

加工是原料肉商品化的主要工序,对牦牛肉来说,加工过程中的嫩化,熟制温度、时间和介质等是影响牦牛肉加工的关键技术,为此,结合相关的研究结果对牦牛肉加工的共性关键技术进行阐述,以期促进牦牛肉的精深加工。

第一节　牦牛肉的嫩化技术

嫩度是肉品主要评价指标,也是消费者选购肉制品的主要依据,然而牦牛肉因其长期放牧饲养和屠宰年龄较大等因素,使得牦牛肉的嫩度较差,导致其开发利用受到很大的限制。本节从牦牛肉嫩度的评价、影响牦牛肉嫩度的因素、人工嫩化技术等方面分析牦牛肉嫩度的研究进展,以期促进牦牛肉的嫩度改善和精深加工。

一、牦牛肉嫩度的评价

肉嫩度的评价有主观评定和客观评定两种方式。主观评定是根据肉入口的柔软性、易碎性和可咽性来判断;客观评定是借助于嫩度仪和质地剖面分析仪等测定肉的切断力、穿透力、咬力、剁碎力、压缩力、弹力和拉力等指标来进行评定。剪切力(又称切断力)是用一定钝度的刀切断一定直径的肉所需要的力量,以 N 为单位,剪切力值越大,肉就越老,反之,肉越嫩。到目前为止,世界上大部分国家采用 Warner 和 Bratzler 等发明的 Warner-Bratzler 剪切仪(沃-布剪切仪)来测定肌肉的剪切力这一指标,而我国常使用的是由陈润生和雷得天等研制的 C-LM 肌肉嫩度仪来进行测定。牦牛是生长于高海拔地区的畜种,饲养方式几乎全部采用放牧方式进行,牧民食用牦牛肉以炖、煮和炒为主,因此,普通牛肉的商品质量评价体系并不适用于牦牛肉。在牦牛肉嫩度方面,黄彩霞测定 340 头牦牛肉样的剪切力值,初步建立了牦牛肉嫩度的 3 个等级,即剪切力值≤51.9 N,为第一级牦牛肉,肉嫩;剪切力值在 51.9~74.5 N,为第二级牦牛肉,嫩度一般;剪切力值≥74.5 N,为第三级牦牛肉,肉老。与 Mills 划分的牛肉嫩度的标准相比,最嫩的牦牛肉就已达到普通牛肉的最老标准了,但适应于我国牦牛肉的商品质量评价体系。

二、影响牦牛肉嫩度的因素

影响牦牛肉嫩度的因素主要有内在因素、外在因素。内在因素主要包括品种、性别、年龄、肌肉部位、胴体重、肥瘦程度等,外在因素包括饲养的环境条件、气候、营养、圈舍、饲养密度、生长地区、社会行为等。

2016年,刘亚娜等对比分析了甘南牦牛肉、青海牦牛肉及其性别间的剪切力值的差异,甘南牦牛肉的剪切力值(91.83 N)极显著高于青海牦牛肉(71.93 N),甘南公牦牛肉(95.75 N)高于母牦牛肉(87.91 N),青海公牦牛肉(79.87 N)高于母牦牛肉(63.99 N)。2013年,侯丽等研究青海不同地区不同年龄的牦牛,结果表明,大通牛场6月龄大通牦牛犊牛肉的剪切力值(37.63 N)低于3～5岁的成年牦牛肉(39.00 N),青海青南地区的3～5岁成年牦牛肉的剪切力值(126.62 N)高于青海环湖地区的牦牛肉(95.26 N),高于成年大通牦牛肉(39.00 N)。2015年,保善科等以青海省海北州的牦牛为研究对象,分析高原牦牛肉不同部位的剪切力变化,表明背阔肌的剪切力值(55.57 N)最低,半膜肌(106.43 N)最高,不同部位的肌肉剪切力差异为:半膜肌＞臂股四头肌＞臂股二头肌＞背最长肌＞冈上肌＞半腱肌＞腰大肌＞背阔肌,肌肉嫩度以腰大肌、背阔肌和半腱肌为最好。2014年,徐瑛等测定了甘肃省甘南藏族自治州玛曲县的各个年龄段的健康放牧牦牛肉的剪切力,剪切力值随着年龄的增加而增加,即大于7岁牦牛(92.32 N)＞6～7岁牦牛(78.99 N)＞5～6岁牦牛(61.64 N)＞4～5岁牦牛(56.64 N)＞3～4岁牦牛(45.96 N)＞3岁以下牦牛(35.18 N),嫩度随着年龄的增加由嫩向老转变。2011年,王莉等比较了补饲与放牧情况下牦牛不同肌肉部位的剪切力值的变化,表明放牧牦牛的冈上肌、背阔肌和半腱肌的剪切力值高于补饲牦牛。

三、牦牛肉的人工嫩化

畜禽屠宰后,在储藏过程中,由于内源酶对肌肉结构蛋白的降解作用,从而使肉的嫩度得到改善。牦牛生长于高海拔地区,采用放牧的方式进行饲养,运动量较大,使得其肌纤维较粗,肉的嫩度较差。为了改善牦牛肉的嫩度,在屠宰后,采用人工的方法进行嫩化处理,能有效地改善牦牛肉的嫩度。人工嫩化技术主要有物理嫩化技术和化学嫩化技术。

(一)物理嫩化技术

在机械外力的作用下,牦牛肉的肌纤维结构被破坏,使牦牛肉的肌纤维蛋白降解,从而改善牦牛肉的嫩度。常用的方法有低温吊挂自动排酸法、机械嫩化法、电刺激嫩化法、高压嫩化法及超声波嫩化法等。牦牛肉采用物理嫩化技术的研究还比较滞后,相关的嫩化技术还有待进一步加强。2014年,田园等在输出电压21 V、额定功率50 W、0～4℃、风速0.5 m/s的条件下电刺激背最长肌,电刺激时间分别为72 s、90 s和108 s,与常规冷却排酸组比较,在成熟过程中的第0天、1天、3天、5天、7天和9天的时间里,各组牦牛肉的剪切力值都呈现下降趋势,第9天时,电刺激72 s、90 s和108 s的平均剪切力值比对照组分别低12.9%、17.9%和5.9%。

2014年,郑祖林等采用低压电刺激对天祝白牦牛进行处理(电压21 V、功率50 W、时间72 s),取肱三头肌、背最长肌和半膜肌进行冷却排酸(0～4℃、风速0.5 m/s),在冷却排酸的第24 h、72 h、168 h分别测定其肉用品质和感官特性。结果发现,电刺激处理可以显著加快宰后牦牛肉pH以及糖原含量的下降,且剪切力值快速下降,MFI值明显上升,此外,电刺激处理提高了牦牛肉的多汁性。2014年,张睿等研究了超低压电刺激、热剔骨、干法成熟、湿法成熟以及切割嫩化法对牦牛肉品质的改善,结果表明,热剔骨可以显著降低牦牛西冷的嫩度和持水性,但对其pH和肉色的影响均不显著。综上,电刺激处理可以加快宰后24 h内牦牛肉pH的下降速度,同时明显改善牦牛肉的嫩度和肉色,还可以消除热剔骨工艺中的负面影响,但是牦牛肉的持水性在电刺激的作用下变化不显著。

(二)化学嫩化技术

牦牛屠宰后,采用化学物质处理牦牛肉,通过使肉的结构特征发生改变,从而改善牦牛肉的嫩度。常用的方法有钙盐嫩化法、多聚磷酸盐嫩化法、有机酸嫩化法、碱嫩化法和外源酶嫩化法等。

2015年,李璐等选用生姜汁和猕猴桃汁处理牦牛肉背最长肌,结果显示,生姜汁和猕猴桃汁在嫩化牦牛肉和抑制其脂质氧化方面存在协同作用,0.18%的生姜汁＋0.13%的猕猴桃汁(体积/重量)的组合,是改善牦牛肉嫩度和抑制脂质氧化的最适组合。2014年,杨敏等采用氯化钙、焦磷酸钠、焦磷酸二氢钠和三聚磷酸钠等4种盐类处理牦牛肉,结果显示,1%、2%、3%、4%和5%的浓度和处理1 d、2 d、3 d、4 d和5 d的时间均对牦牛肉的嫩度有影响。2003年,韩玲等采用木瓜蛋白酶用于冷却牦牛分割肉嫩化,结果发现,将9 mg/kg的酶液采用注射法,在15℃下处理3 h,真空包装、急速冷却后在0～4℃条件下储藏,可以使牦牛肉的剪切力显著下降,改善口感。2013年,史智佳等采用不同浓度的氢氧化铵处理牦牛肉,结果表明,适量的氢氧化铵可以显著提高牦牛肉的pH、蒸煮得率和胶原蛋白溶解性,降低离心损失和剪切力值,而滚揉处理可以显著促进氢氧化铵对牦牛肉的嫩化作用。

四、牦牛肉嫩度的分子水平研究

牦牛肌肉嫩度的分子机理研究比较滞后,到目前为止,主要集中在钙蛋白酶、钙蛋白抑制蛋白及脂肪酸结合蛋白等基因。钙蛋白酶(Calpain,CAPN)是一种依赖钙离子的中性半胱氨酸内肽酶,广泛存在于真核生物和细菌中,主要作用有肌肉生长发育、成肌细胞的融合与分化、信号转导、细胞凋亡及膜蛋白裂解等,通过正向调控 Ca^{2+} 浓度和 CAST 的负调控来发挥活性,其基因家族共有 14 个基因被克隆。1999 年,Pringle 等发现了牛肉嫩度和 CAPN1 的活性相关,但并不与钙蛋白抑制蛋白(CAST)活性有关联,而 CAPN1 与 CAST 活性比值与嫩度高度相关。

2010 年,吴孝杰等采用 SSCP 技术在牦牛 CAPN1 基因第 9 内含子检测到 G/T 的 SNP 位点,AA 基因型个体的剪切力值显著低于 AB 基因型。2016 年,陈杰等采用 SSCP 技术检测到 CAPN1 基因第 1 内含子突变影响甘南牦牛的肌肉嫩度,3～6 岁牦牛的 AA 基因型个体的剪切力值均较低,3 岁和 5 岁的牦牛的 AA 型肌肉嫩度剪切力值显著低于 AB 型。2013 年,潘红梅采用 SSCP 技术在 CAPN3 基因第 2 内含子检测到携带 A 等位基因的 3 岁阉牦牛个体的剪切力值显著高于未携带的个体,在生产中,淘汰携带 A 等位基因的个体,以提高甘南牦牛后代群体的肌肉嫩度。2015 年,牛晓亮采用 SSCP 技术在 CAST 基因第 3 内含子检测到携带 D 等位基因的 6 岁甘南牦牛个体的剪切力值显著低于未携带的个体,D 等位基因有利于提高牦牛肌肉的嫩度。2012 年,曹健采用 SSCP 技术在 A-FABP 基因中检测到 4.5～5 岁甘南牦牛群体中 AA 基因型的剪切力值显著高于 AB 和 BB 基因型。

第二节　加热温度对牦牛肉品质的影响

热处理是肉制品加工的一个重要环节,通常用于肉制品的熟化和杀菌。在热处理过程中,肉品会发生复杂的物理和化学反应,如颜色加深、形态缩小、质构变化和风味形成等,这些变化不仅影响肉制品的品质,而且影响消费者购买欲望,还对商家经济效益有重要的影响。因此,研究热处理对牦牛肉品质的影响很有必要。

一、加热温度对牦牛肉剪切力的影响

剪切力反映肉品的嫩度,与肉品的食用品质和加工品质密切相关。由图 6-1 可知,随着热处理温度的升高,牦牛肉的剪切力值呈显著增加趋势,剪切力值由 50℃时的(28.93±2.34)N,增加到 90℃的(56.72±1.25)N,增加了 49.00%,说明热处理温度对牦牛肉嫩度的影响较大。肉品的剪切力变化是由肌纤维蛋白和胶原蛋白共同作用的结果,加热引起肉样剪切力变化的原因主要是肉中肌原纤维蛋白和胶原蛋白的热变性造成的,蛋白质变性导致肌原纤维和结缔组织收缩失水,肌纤维变粗,单位横截面上的肌纤维更加致密,从而使得剪切力升高;但胶原蛋白受热会收缩并降解吸水膨胀,使

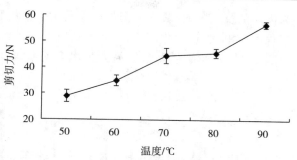

图 6-1 加热温度对牦牛肉剪切力的影响

肉品嫩度增大。试验中随着加热温度的增加,肉样剪切力增大,可能是由于肌原纤维变性引起的剪切力增加大于胶原纤维蛋白对肉样剪切力的影响。

二、加热温度对牦牛肉蒸煮损失的影响

蒸煮损失是生肉加工成熟肉过程中由于水分的损失而引起的质量减少。由图

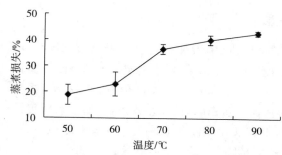

图 6-2 加热温度对牦牛肉蒸煮损失的影响

6-2 可知,在试验温度范围内,随着温度的增加,蒸煮损失显著增加,在 50~90℃ 范围内,蒸煮损失由 (18.86 ± 3.84)% 增加到 (42.69 ± 0.97)%,增加了 126.35%,说明热处理对牦牛肉的蒸煮损失影响较大。蒸煮损失的原因主要是加热导致肌肉的肌浆蛋白、肌球蛋白、肌动蛋白等蛋白变性,疏水基团的暴露致使蛋白自身的亲水能力降低,导致肉中水分流出,从而使得蒸煮损失明显增大。当温度上升到 70℃,由于胶原蛋白转变成明胶吸收部分水分,弥补了肌肉中水分的流失,使得牦牛肉的蒸煮损失有所下降,但整体表现为牦牛肉的蒸煮损失增大。

三、加热温度对牦牛肉热收缩率的影响

由图 6-3 可知,在试验温度范围内,随着加热温度的升高,牦牛肉的长度、宽度、高度方向的收缩率呈显著增加趋势($P<0.05$)。长度收缩率在 23%~29%,变化幅度较小,而宽度和高度收缩率较大,为 11%~30%。初步分析认为随着温度升高,肉块中的肌纤维收缩和水分散失造成肉块的整体热收缩;试验中肌纤维方向

为肉块的长度方向,长度方向的收缩程度主要由肌纤维的收缩引起的,肌纤维的收缩程度有限,表现为收缩率较小;而在宽度和高度方向上的热收缩是由于加热失水引起的,表现为随着温度的升高,失水率越大,收缩率越大。

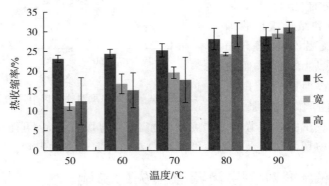

图 6-3　加热温度对牦牛肉热收缩率的影响

四、加热温度对牦牛肉色度的影响

由图 6-4 中可以看出,在试验温度范围内,随着加热温度的升高,L^* 值和 a^* 值总体呈现下降趋势。L^* 值与肉品的水分含量相关,随着加热温度的升高,肌肉中的水分含量减少,使得肉品的 L^* 值下降。在 $50\sim60$℃,a^* 值有增加趋势,主要是由于还原型的肌红蛋白和氧结合形成肌红蛋白时,肉品呈现鲜红色;随着温度的增加,肉品中肌红蛋白和氧继续作用,生成氧化型肌红蛋白时,Fe^{2+} 变成 Fe^{3+},肉呈现褐色,表现在 60℃ 以后,肉品的 a^* 值下降。

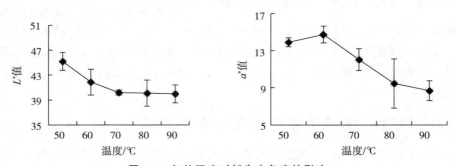

图 6-4　加热温度对牦牛肉色度的影响

五、加热温度对牦牛肉感官品质的影响

由图 6-5 可以看出,在试验温度范围内,随着温度的升高,肉的感官品质呈现先上升后下降的趋势,在 50～80℃ 内,感官品质不断提高,80～90℃ 内,感官品质下降。在 50～80℃,肌原纤维蛋白变性收缩使肉的组织状态更加完整,肉中色素蛋白质变性使肉具有特定的颜色,风味物质也逐渐形成,

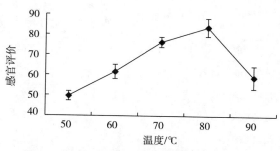

图 6-5　加热温度对牦牛肉感官品质的影响

表现为牦牛肉感官品质提升;80～90℃时,感官品质迅速下降,在此温度范围内,肉品的颜色褐变加深影响外观,肉的剪切力不断增大影响适口性,肉的风味物质也随着温度的升高而损失,影响风味,表现为牦牛肉的感官品质下降。从加热温度对牦牛肉感官品质影响的变化趋势来看,当中心温度为 80℃ 时,牦牛肉具有较好的感官品质。

六、相关性分析

对热处理后牦牛肉各品质指标进行相关性分析,如表 6-1 所示。L^* 值与蒸煮损失呈负相关($P<0.05$),相关系数为 $r=-0.903$;a^* 值与长度收缩率、宽度收缩率、高度收缩率、剪切力、蒸煮损失呈显著负相关($P<0.05$),相关系数分别为 $r=-0.953$,$r=-0.906$,$r=-0.960$,$r=-0.897$,$r=-0.929$;长度收缩率与宽度收缩率、高度收缩率、剪切力、蒸煮损失呈显著正相关($P<0.05$),相关系数分别为 $r=0.974$,$r=0.996$,$r=0.922$,$r=0.929$;宽度收缩率与高度收缩率、剪切力、蒸煮损失呈显著正相关 $P<0.05$,相关系数分别为 $r=0.953$,$r=0.975$,$r=0.937$;高度收缩率与剪切力、蒸煮损失呈显著正相关($P<0.05$),相关系数分别为 $r=0.892$,$r=0.901$;剪切力与蒸煮损失呈显著正相关($r=0.954$)。

由以上分析可知,除感官评价外,L^* 值、a^* 值、长度收缩率、宽度收缩率、高度收缩率、剪切力、蒸煮损失各指标均显著相关。L^* 值和 a^* 值随热处理温度的增加呈现劣变趋势,表现为数值减小;而长度收缩率、宽度收缩率、高度收缩率、剪切力、蒸煮损失各指标评价数值随热处理温度的增加而增加;故表现为 L^* 值和 a^* 值与其他指标呈负相关,而长度收缩率、宽度收缩率、高度收缩率、剪切力、蒸煮损失各指标间呈正相关。

表 6-1　热处理后牦牛肉各品质指标的相关性分析

	L^* 值	a^* 值	长度收缩率	宽度收缩率	高度收缩率	剪切力	蒸煮损失	感官评价
L^* 值	1	0.701	−0.807	−0.863	−0.750	−0.861	−0.903*	−0.734
a^* 值		1	−0.953*	−0.906*	−0.960**	−0.897*	−0.929*	−0.439
长度收缩率			1	0.974**	0.996**	0.922*	0.929*	0.481
宽度收缩率				1	0.953**	0.975**	0.937*	0.425
高度收缩率					1	0.892*	0.901*	0.445
剪切力						1	0.954*	0.395
蒸煮损失							1	0.627
感官评价								1

注：* 在 0.05 水平上显著相关；** 在 0.01 水平上显著相关。

七、小结

在热处理中，随着温度的增加，牦牛肉的亮度值 L^* 和红度值 a^* 显著下降；牦牛肉的剪切力、蒸煮损失和长度、宽度、高度方向的收缩率显著上升；牦牛肉的感官品质先下降后上升，在 80℃时感官评分最高。相关性分析表明，除感官评价外，各指标间存在显著相关性，L^* 值和 a^* 值与其他指标呈显著负相关，而长度收缩率、宽度收缩率、高度收缩率、剪切力、蒸煮损失与其他指标间呈显著正相关。综合分析得出，热处理使牦牛肉的品质下降，但选择适宜的加工温度可使牦牛肉具有较好的品质。

第三节　加热时间和介质对牦牛肉品质的影响

肉制品的熟制是一个复杂的生理生化过程，加热温度、时间和介质都会对其品质产生显著的影响。对于牦牛肉而言，加热介质和时间对其蒸煮损失、热收缩率、色差、剪切力和质构的影响，是影响牦牛肉精深加工的关键因素。

一、加热介质和时间对牦牛肉蒸煮损失的影响

蒸煮损失是肉品中的水分和可溶性物质流失而导致的肉品重量减少。由图 6-6可知，在水浴和蒸汽两种加热介质中，随着加热时间的延长，牦牛肉蒸煮损失显著增加（$P<0.05$），水浴加热中蒸煮损失从 10 min 的（30.71±1.82）% 增加到 60 min 时的

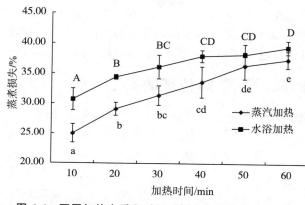

图 6-6　不同加热介质和时间对牦牛肉蒸煮损失的影响

（39.43±1.12）％，增加了28.39％；蒸汽加热中蒸煮损失从 10 min 的（25.02±1.57）％增加到 60 min 时的（37.43±1.38）％，增加了49.60％；蒸汽加热的增加幅度大于水浴加热 21.21％，但水浴加热的蒸煮损失大于蒸汽加热。水浴和蒸汽加热两种加热介质中，在 10～40 min 水分的流失基本随加热

时间的延长呈直线增加趋势，水浴加热中在 40～60 min，蒸煮损失率较之前显著下降。这是由于蒸煮损失增加时样品中的水分含量减少，在水浴加热中胶原蛋白会吸收水分使蒸煮损失减少，而蒸汽加热中胶原蛋白不能吸收大量的水分而使其蒸煮损失率相对变化较小，整体表现为加热的前期水浴和蒸汽加热蒸煮损失均直线增加，后期水浴加热的蒸煮损失率减少而蒸汽加热蒸煮损失率基本不变。

二、不同加热介质和时间对牦牛肉热收缩率的影响

由图 6-7 可知，水浴加热中，牦牛肉热收缩率随着加热时间的延长先增加后减少，在 10～30 min，牦牛肉热收缩率从（20.19±1.78）％增加到（30.30±2.19）％，在30～60 min，牦牛肉的热收缩率又从（30.30±2.19）％降低到（18.17±2.13）％；蒸汽加热中，牦牛肉的热收缩率随加热时间的延长显著增

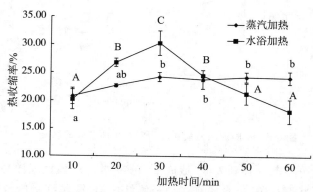

图 6-7　不同加热介质和时间对牦牛肉热收缩率的影响

加（$P<0.05$），从 10 min 的（20.79±1.46）％增加到 60 min 时的（24.16±1.12）％，增加了 16.21％。在 10～40 min 水浴加热的热收缩率大于蒸汽加热，40～60 min 蒸汽加热的热收缩率大于水浴加热。随着加热时间的延长，肉块中的肌纤维收缩和水分散失造成肉块的整体热收缩；试验中肌纤维方向为肉块的长度方向，长度方向的

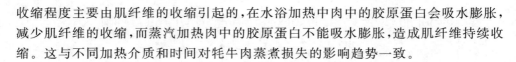

收缩程度主要由肌纤维的收缩引起的,在水浴加热中肉中的胶原蛋白会吸水膨胀,减少肌纤维的收缩,而蒸汽加热肉中的胶原蛋白不能吸水膨胀,造成肌纤维持续收缩。这与不同加热介质和时间对牦牛肉蒸煮损失的影响趋势一致。

三、不同加热介质和时间对牦牛肉色度的影响

肉色是消费者评价肉品品质的重要指标之一。由图 6-8 可知,随加热时间的延长,水浴加热的牦牛肉 L^* 值显著降低($P<0.05$),从 10 min 时的 51.97 ± 1.54 降低到 60 min 时的 49.47 ± 0.89,降低了 4.82%;蒸汽加热的牦牛肉 L^* 值显著增加($P<0.05$),从 10 min 时的 47.67 ± 1.26 增加到 60 min 时的 49.50 ± 1.19,增加了 3.84%。水浴加热的 a^* 值显著下降($P<0.05$),从 10 min 时的 8.22 ± 0.46 降低到 60 min 时的 7.10 ± 0.24,降低了 13.63%;蒸汽加热的 a^* 值先下降后上升,从 10 min 时的 7.63 ± 0.74 变化到 60 min 时的 8.13 ± 0.28,增加了 6.55%。L^* 值与样品的水分含量相关,随着加热时间的延长,样品中的水分逐渐减少,使肉品的 L^* 值下降,蒸气加热中样品内部的水

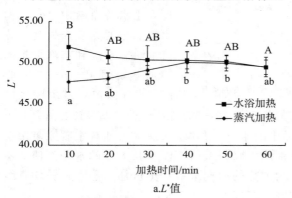

a.L^*值

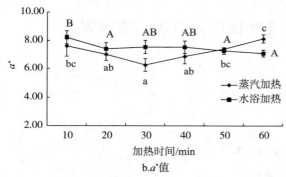

b.a^*值

图 6-8 不同加热介质和时间对牦牛肉色差的影响

分不断迁移到表面,造成 L^* 值增加。a^* 值代表样品的红度,与样品中肌红蛋白的状态相关,氧合肌红蛋白呈鲜红色,高铁肌红蛋白呈褐色,随着加热时间的延长样品中的氧合肌红蛋白含量增加导致样品的红度值下降,后期由于样品内部的肌红蛋白与氧结合生成肌红蛋白,导致样品红度值上升。

四、不同加热介质和时间对牦牛肉剪切力的影响

剪切力是肉品嫩度的反映,与肉品的食用品质和加工品质密切相关。由图 6-9 可知,整体来看蒸汽加热牦牛肉的剪切力值大于水浴加热;在水浴加热中,牦牛肉的剪切力随加热时间的延长表现为先上升后下降,从 10 min 时的 (32.34±6.96)N 增加到

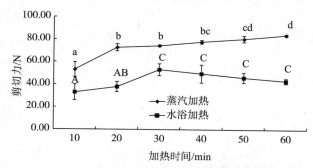

图 6-9　不同加热介质和时间对牦牛肉剪切力的影响

30 min 时的(52.04±5.10)N,增加了 60.91%,随后又下降到 60 min 时的(42.53±2.16)N,总体来看,水浴加热的剪切力增加了 9.55%;在蒸汽加热中牦牛肉的剪切力随加热时间的延长呈显著增加的趋势,从 10 min 时的(52.04±6.37)N 增加到 60 min 时的(82.52±0.88)N,增加了 58.57%。样品受热造成肌纤维收缩导致剪切力值增大,在水浴加热中样品中的胶原蛋白会吸水使剪切力下降,而在蒸汽加热中胶原蛋白可吸收的水分少,对样品的整体剪切力影响也较小,同时随着加热时间的延长,牦牛肉的肌纤维断裂使剪切力降低,所以在水浴加热中剪切力表现为先增加后减少,而蒸汽加热中表现为逐渐增加但后期增加趋势减缓。

五、不同加热介质和时间对牦牛肉质构的影响

质地剖面分析(TPA)是模拟口腔对食物咀嚼而开发出的用于客观评价产品品质的力学测定方法。不同加热介质和时间对牦牛肉硬度、内聚性、弹性、胶着性和咀嚼性等质构指标的影响如表 6-2 所示。

表 6-2　不同加热介质和时间对牦牛肉质构的影响

指标	加热时间/min	水浴加热	蒸汽加热
硬度	10	1.34±0.28a	1.76±0.10a
hardness/(kg/cm)	20	2.24±0.25b	1.87±0.14ab
	30	2.68±0.20bc	1.99±0.05ab
	40	2.88±0.31cd	2.14±0.27b
	50	3.20±0.26cd	2.05±0.17ab
	60	3.34±0.40d	2.13±0.27 b

续表 6-2

指标	加热时间/min	水浴加热	蒸汽加热
内聚性 cohesiveness	10	0.58±0.03ab	0.59±0.02a
	20	0.61±0.02b	0.60±0.01ab
	30	0.62±0.06b	0.60±0.03ab
	40	0.56±0.01ab	0.62±0.01b
	50	0.53±0.03a	0.63±0.01b
	60	0.52±0.06a	0.63±0.01b
弹性 springiness/mm	10	2.06±0.12a	2.17±0.05a
	20	2.22±0.06ab	2.25±0.08a
	30	2.15±0.07ab	2.26±0.06a
	40	2.29±0.05b	2.28±0.09a
	50	2.22±0.03ab	2.20±0.04a
	60	2.30±0.14b	2.18±0.08a
胶着性 gumminess	10	1.28±0.28c	1.23±0.11b
	20	1.30±0.17c	1.13±0.16b
	30	1.24±0.09c	1.04±0.14b
	40	0.92±0.05b	1.06±0.08b
	50	0.64±0.08a	0.82±0.06a
	60	0.62±0.03a	0.76±0.11a
咀嚼性 chewiness	10	20.35±1.89a	24.39±1.92c
	20	25.07±1.78c	23.75±1.97c
	30	23.12±0.94bc	19.35±0.72b
	40	21.65±1.11ab	18.07±1.10b
	50	20.57±1.09a	14.52±2.29a
	60	19.41±0.83a	13.64±1.48a

注:不同字母代表差异显著($P<0.05$)。

由表 6-2 可见,随加热时间的延长,水浴加热和蒸汽加热牦牛肉的硬度显著增加,水浴加热的硬度从 10 min 时的(1.34±0.28)kg/cm 增加到 60 min 时的(3.34±0.40)kg/cm,增加了 149.25%;蒸汽加热的硬度从 10 min 时的(1.76±0.10)kg/cm

增加到 60 min 时的(2.13±0.27)kg/cm,增加了 21.02%。水浴加热的内聚性随加热时间的延长呈先增加后降低的趋势,从 10 min 时的 0.58±0.03 增加到 30 min 时的 0.62±0.06,增加了 6.90%,又降低到 60 min 时的 0.52±0.06,总体来看,水浴加热的内聚性降低了 10.34%;蒸汽加热牦牛肉的内聚性随加热时间的延长显著增加,从 10 min 时的 0.59±0.02 增加到 60 min 时的 0.63±0.01,增加了 6.78%。水浴加热中牦牛肉的弹性随加热时间的延长呈波动变化趋势,从 10 min时的 2.06±0.12 变化到 60 min 时的 2.30±0.14,总体来看,增加了 11.65%;蒸汽加热牦牛肉弹性随加热时间的延长呈先增加后降低的趋势,从 10 min 时的 2.17±0.05 增加到 40 min 时的 2.28±0.09,增加了 5.07%,又降低到 60 min 时的 2.18±0.08,总体来看,蒸汽加热的弹性增加了 0.46%。水浴加热牦牛肉的胶着性随加热时间的延长呈先增加后降低的趋势,从 10 min 时的 1.28±0.28 降低到 60 min 时的 0.62±0.03,总体降低了 51.56%;蒸汽加热牦牛肉的胶着性随加热时间的延长显著下降,从 10 min 时的 1.23±0.11 降低到 60 min 时的 0.76±0.11,降低了 38.21%。水浴加热牦牛肉的咀嚼性随加热时间的延长呈波动变化趋势,咀嚼性从 10 min 时的 20.35±1.89,变化到 60 min 时的 19.41±0.83,降低了 4.62%;蒸汽加热牦牛肉的胶着性显著降低,从 10 min 时的 24.39±1.92 降低到 60 min 时的13.64±1.48,降低了 44.08%。

水浴加热和蒸汽加热的结果都是使牦牛肉的肌纤维收缩,但长时间加热会使牦牛肉肌纤维断裂,同时牦牛肉的胶原蛋白吸水变化也会影响牦牛肉的质构,这几种效应作用的结果就是使牦牛肉的质构品质总体呈现下降的趋势。

六、相关性分析

不同加热介质和时间与牦牛肉的蒸煮损失、热收缩率、色差、剪切力和质构指标的相关性分析,见表 6-3。由表 6-3 可知,在水浴加热中,加热时间与牦牛肉的蒸煮损失、L^* 值、硬度、弹性呈显著正相关($P<0.05$),相关系数分别为($r=0.883,r=0.623,r=0.896,r=0.604$);与牦牛肉的内聚性和胶着性呈显著负相关,($P<0.05$),相关系数分别为($r=-0.598,r=-0.868$);与牦牛肉的热收缩率、$a^*$ 值、剪切力和咀嚼性相关性差异不显著。蒸汽加热中,加热时间与牦牛肉的蒸煮损失、热收缩率、剪切力、硬度、内聚性呈正相关,相关系数分别为($r=0.932,r=0.661,r=0.862,r=0.614,r=0.733$);与牦牛肉的 L^* 值、a^* 值、胶着性和咀嚼性呈显著负相关,($P<0.05$),相关系数分别为($r=-0.554,r=-0.625,r=-0.832,r=-0.932$);与牦牛肉的弹性相关性差异不显著。从相关性来看,水浴加热与牦牛肉的 L^* 值、硬度、弹性和胶着性相关性较大,而蒸汽加热与牦牛肉的蒸煮损失、热收

缩率、a^* 值、剪切力、内聚性和咀嚼性相关性较大。总体来看,不同的加热介质和时间对牦牛肉的品质影响不同,且以蒸汽为介质的加热方式对牦牛肉各指标的影响较大。

表 6-3　不同加热介质和时间与牦牛肉各品质指标的相关性分析

处理时间	蒸煮损失	热收缩率	L^*	a^*	剪切力	硬度	内聚性	弹性	胶着性	咀嚼性
水浴	0.883**	−0.362	0.623**	0.293	0.441	0.896**	−0.598**	0.604**	−0.868**	−0.437
蒸汽	0.932**	0.661**	−0.554*	−0.625**	0.862**	0.614**	0.733**	−0.033	−0.832**	−0.932**

注: * 在 0.05 水平上显著相关;** 在 0.01 水平上显著相关。

七、小结

熟制是肉制品加工的重要工序之一,肉制品熟制的主要介质就是水浴和水蒸气。不同加热介质对牦牛肉品质的影响不同,水浴加热较蒸汽加热的牦牛肉蒸煮损失较大、热收缩率较小、L^* 和 a^* 值下降、剪切力较小、质构较好;在水浴和蒸汽加热介质中,牦牛肉的品质整体表现为随加热时间的延长,蒸煮损失增大、热收缩率增加、剪切力值增加、质构品质下降。相关性分析表明,水浴加热与牦牛肉的 L^* 值、硬度、弹性和胶着性相关性较大,而蒸汽加热与牦牛肉的蒸煮损失、热收缩率、a^* 值、剪切力、内聚性和咀嚼性相关性较大。综合来看,当水浴和蒸汽加热 40 min,牦牛肉各项品质指标较好;水浴加热的牦牛肉蒸煮损失较大、质构较好,而蒸汽加热的牦牛肉蒸煮损失较小、质构较差。

第七章 牦牛肉的加工

　　牦牛肉是青藏高原的特色肉品,因其具有"高蛋白、低脂肪"的特点而受到广大消费者的欢迎。长期以来,牦牛肉制品的加工主要以牦牛肉干制品、风干牦牛肉、牦牛肉卤制品、牦牛肉松、发酵牦牛肉、重组牦牛肉等产品为主。本章将重点介绍这些牦牛肉制品的加工原理、加工工艺,以期广大的科研工作者和企业能够在此基础上,研发具有能够体现牦牛肉品质特点、更高科技含量和更受广大消费者欢迎的牦牛肉制品,丰富牦牛肉的产品种类,促进牦牛产业的发展。

第一节 牦牛肉干制品的加工

　　牦牛因处于纯天然的高寒草场,自然放牧,无环境污染,其肉品近年来被人们视为"绿色野味肉食品"。也因为牦牛生长环境特殊,使得牦牛肉的运输和销售比较困难,为此牦牛肉干制品成为了牦牛肉的主要产品形式之一。牦牛肉干制品因其口感独特、保质期长而受到广大农牧民和消费者的喜爱。

一、牦牛肉干的加工原理

　　肉类等易腐烂变质食品的脱水干制,既是一种储藏手段,也是一种加工方法。肉类食品的含水量约为70%,脱水后不仅可以减少产品的体积,而且使产品的水分含量降低到20%以下。各种微生物的生命活动,必须要有水分存在才能进行,其中蛋白质性食品,适于细菌繁殖发育的最低含水量为25%～30%,霉菌为15%。因此,肉类脱水之后能够达到保藏的目的。同时,干制处理可以使肉制品产生特殊的风味和口感。牦牛肉干即是以牦牛肉为原料,通过熟制脱水而制成的一类具有特殊口感和风味的干制品。

　　肉制品的干制虽然能够起到延长保质期、产生特殊风味和口感的目的,然而,因干制方法不同,也会对肉的品质产生不同的影响,一般来说,干制时间越长,肉质的劣变越严重。特别是在自然干制条件下,肉品中组织酶的活性和微生物的作用易使肉质分解和腐败,促进肌肉蛋白质和脂肪的氧化,降低肉干制品的食用价值。

　　当前,常用的干制方法主要有自然干燥、烘炒干燥、烘房干燥、低温升华干燥等;此外,还有辐射干燥、介电加热干燥、微波干燥、近红外干燥等干燥方式。

二、牦牛肉干制作工艺

(1)原辅料

鲜(冻)牦牛肉,食盐、姜、葱等香辛料。

(2)工艺流程

原料肉→分割→漂洗→初煮→切坯→复煮→烘烤→冷却→称量→真空包装

(3)操作要点

选料、分割、漂洗:选择经卫生检验合格的鲜(冻)牦牛肉,剔净原料肉中的皮、骨、筋腱、脂肪及肌膜,顺着肌纤维纹路将原料肉切成 0.5 kg 左右的肉块,将肉块放入漂洗槽中用流动水漂洗 30 min 左右,洗净污物、血水后沥干。

初煮:将肉块放入蒸煮锅内,加入清水,加水量以淹没肉块为宜,烧水至沸腾。牦牛肉膻味较大,初煮时需加入 0.5%食盐、1%生姜和 1%葱(以原料肉重计)。在烧煮过程中要及时撇去汤汁中的污物及油沫。初煮时间为 1 h 左右,煮至肉块表面硬结、切开内部无血水时为止。煮后将肉块捞出冷却,使肉块变硬,以便切坯。

切坯:根据需要,将初煮冷却后的肉块切片、切条或切丁。一般片形长 3～4 cm、厚 0.3～0.4 cm;条型长 3～5 cm、宽及厚 0.3～0.5 cm;切肉丁时则长、宽、厚各 1 cm。切坯过程中无论切成什么形状都要求大小均匀一致。切坯中注意剔除肉块中残存的脂肪、筋腱。

复煮:取部分初煮原汤,以淹没肉坯为宜,同时将适量的香料(如桂皮、甘草、八角、大小茴香)用纱布袋装好,放入锅中同煮。先用大火烧开,然后改用小火煮,分 3 次加入适量的白砂糖、精盐等调料。随着汤料的减少,改用文火收汤,并不断翻煮,汤汁收干时即可出锅。

烘烤:将肉坯均匀地摊在烤箱专用烤盘上,推入烤箱。烤箱温度控制在 100℃以下,每隔 1 h 翻动肉干 1 次,一般烘烤 4～5 h,当肉干水分含量为 20%以下时,即完成烘烤。

冷却:将烘干的牦牛肉干放入冷却室,并吹风至冷却。冷却室应安装紫外灯和臭氧发生器灭菌,以避免肉干被细菌二次污染。

称量、包装:用电子秤准确称量,采用双层复合膜抽真空包装。

(4)牦牛肉干的感观、理化及卫生指标

感观指标:具有牦牛肉干特有的色、香、味、形,无焦臭、哈喇等异味,无杂质。

理化及卫生指标:水分≤20%;菌落总数≤10 000 CFU/g,大肠菌群≤100 CFU/g,致病菌不得检出。

三、新型牦牛肉干制作工艺

（1）原辅料

牦牛肉：新鲜肉或冻肉均可，卫检合格，无筋膜、碎骨，不含积血。

辅料：食盐、白砂糖、酱油、香料、食品添加剂等。

（2）工艺流程

原料预处理→注射→腌制→蒸煮→成型→烘烤→冷却→包装→成品

（3）操作要点

原料预处理：把牦牛肉切成 1.5～2 kg 的肉块，修去筋膜、血块，剔除碎骨，在清洗槽中清洗干净。

注射：将香料破碎后，用纱布包裹于水中煮沸熬汤，制成香料提取液，然后加入酱油、白酒、三聚磷酸钠、山梨酸钾、硝酸钠，混合均匀，预冷至 6～8℃，制成注射液。注射液总量控制在肉重的 8%～12%，用注射器将配好预冷的注射液均匀注射到肉中。

腌制：经注射后的肉块于冷库中保持 4～8℃，腌制 24 h，若有制冷滚揉机，可缩短腌制时间。

蒸煮：将肉块切成 0.5 kg 左右重的小块，蒸煮至肉熟而不烂。

成型：待肉块晾冷后，顺着肌肉纹路切割成型。

烘烤：先用 60℃烘至产品表面变干定型，再在 85℃的高温下快速烘烤脱水。内部强制排风，供进气流循环，烘烤至产品中的水分含量为 18%～20%时止。

冷却：将肉片、肉干从烘箱中取出，冷却至常温。

包装：采取聚丙烯-聚酯包装材料或其他复合材料，定量包装。

四、牦牛肉干的加工

（1）原辅料

新鲜或冷冻牦牛肉，天然香辛料和添加剂。

（2）工艺流程

原料修整→腌制→滚揉→初煮→熟制→切片卤制→入味炒制→烘干→包装→成品

（3）操作要点

原料修整：选择健康无病新鲜的牦牛分割肉，剔除表面脂肪、杂物，洗净分切成 0.5 kg 左右的肉块。

腌制：将腌制剂、料酒等腌料配置成盐水溶液，注入肉块中，在 4℃条件下腌制

24～48 h。

滚揉:将牦牛肉置于真空滚揉机中进行滚揉,滚揉在腌制期内进行。

初煮:将肉块放入蒸煮锅中初煮,在煮制过程中捞出浮沫。

熟制:将初煮后的牦牛肉放入蒸煮锅中,放入调料包及调料进行熟制。

切片卤制:将煮熟的牦牛肉按照产品定量标准切块,进行卤制。

入味炒制:加入不同调料对卤制后的牦牛肉进行炒制。

烘干:把牛肉片放入烘箱进行干制。

包装:用真空包装机进行真空包装。

成品:经检验合格后的产品即为成品。

五、灯影牦牛肉干的加工

(1)原辅料

新鲜牦牛肉,天然香辛料和添加剂。

(2)工艺流程

原料→剔骨选肉→片肉→浸泡→烘烤→汽蒸化渣→拌料→包装→成品

(3)操作要点

原料:选择经检验检疫合格的牦牛肉。

剔骨选肉:宰杀后的牦牛胴体置于案板上剔除骨、软骨、筋腱、脂肪,选择丰满的四肢肉作为制作灯影牦牛肉的原料。

片肉:将净肉块放于案板上,用锋利薄刀将肉片切成半透明薄片。

浸泡:片好的肉片放入浸泡缸中,浸泡约 20 h。

烘烤:将浸泡好的牦牛肉片平铺在不锈钢丝网上,置于烘箱内烘烤。

汽蒸化渣:将烘烤好的肉片从网上取下,放入竹笼中汽蒸,水开后用文火蒸1 h,然后取出放在细竹筛内晾 24 h。

拌料:根据不同的产品口味拌料,拌料要均匀。

包装:用无菌纸或塑料袋包装后即为成品。

第二节　风干牦牛肉制品的加工

风干牦牛肉是充分利用青藏高原地区冬季低温低气压的特殊自然气候条件将牦牛肉进行切条、风干后形成的一种生食传统肉制品,风干牦牛肉呈红褐色,肌纤维纹理较清晰,具有牦牛肉特有的风味。风干牦牛肉是青藏高原地区牧民最主要的传统肉制消费品之一,随着当地旅游业和食品工业的发展,风干牦牛肉已发展成为青海、西藏、甘肃、四川等地的休闲旅游馈赠佳品。

一、风干牦牛肉的加工原理

风干牦牛肉在制作过程中充分利用青藏地区低温、低压、高风速的自然环境条件,使牦牛肉中的水分由固态冰直接升华而被除去,这种干燥方法使牦牛肉干制品最大限度地保留了牦牛肉的营养价值,并产生牦牛肉独特的风味口感。产品呈黄褐色或红褐色,肌纤维纹理较清晰,具有牦牛肉特有的风味,然而因加工季节的不同和风干条件不同导致其口感和质地略有差异,通常温度越低,质地和口感越酥松,易手撕成条状。现代化的生产车间中,通过加工设备制造低温高风速的环境生产风干牦牛肉。严格地讲,风干牦牛肉也是牦牛肉干制品的一种形式,因为风干牦牛肉的加工特点主要属于低温干制,加之风干牦牛肉是青藏高原地区农牧民的一种传统牦牛肉加工制品,故单独列出。

二、传统风干牦牛肉加工方法

（1）原料

牦牛肉。

（2）工艺流程

选择宰杀季节选择牦牛→宰杀→胴体冷冻→选肉→切条→腌制→自然冷冻风干→包装→储藏

（3）操作要点

选择宰杀季节:选择 11 月份至翌年 1 月份进行牦牛屠宰加工,使宰杀后的牦牛肉处于低温冷冻状态。

牦牛:选择 2～3 周岁的牦牛。

宰杀:参照《牦牛屠宰技术规程》(DB63/T 1785—2020)进行宰杀。

胴体冷冻:宰杀后牦牛胴体在自然状态下,冷冻 2～3 d。

选肉:选择牦牛前肢、后肢及背部的纯瘦肉部分,并剔除骨、脂肪、血管组织。

切条:将原料肉切成长 30～50 cm、宽 6～9 cm 的长条状。

腌制:用 2％～5％的淡盐水腌制 3～10 h。

自然冷冻风干:将分割好的牦牛肉悬挂在通风处自然风干 1～3 个月。

包装:风干后的牦牛肉用聚乙烯或复合材料真空包装。

储藏:真空包装后常温储存 18～24 个月。

（4）食用方法

生食：分两种，一是将风干牦牛肉掰成小块盛于袋内，可随时食用；二是将风干牦牛肉切成薄片装入碗内，放适量食盐、辣椒等，用开水拌匀后做菜吃。

熟食：先将风干牦牛肉切成薄片，用水浸泡变软后烹调成菜肴食用。

（5）产品品质特点

自然冷冻牦牛肉干的制作方法，选择2～3周岁的牦牛，在11月份至翌年1月份进行屠宰，宰杀后牦牛胴体在自然状态下冷冻2～3 d，将选择的原料肉切条、盐渍、自然冷冻风干，真空包装后储藏；该自然冷冻牦牛肉干的制作方法，充分利用牧区青藏高原的高寒特殊气候、紫外线强及牦牛血液的营养价值，改变了风干牦牛肉的传统随意宰杀、随意切割加工方法，使牦牛肉干的制作能够规模化、标准化、产业化生产，制备得到的牦牛肉干保存期长、口感好、色泽佳、营养价值更高、便于储藏及运输。

三、现代风干牦牛肉的加工方法

（1）原辅料

牦牛肉，食用盐、白砂糖、鸡精、香辛料、食品添加剂（谷氨酸钠、亚硝酸钠、碳酸钠）。

（2）工艺流程

原料肉检验→漂洗→修整→切条→腌制→风干→蒸煮→切段→真空包装→杀菌→清洗、晾干→二次包装→检验、装箱→入库

（3）操作要点

原料肉检验、漂洗：原料肉选用新鲜或者速冻的牦牛里脊或外脊肉，冷冻肉需解冻。

修整：将里脊或外脊肉进行修整，主要将肉中的碎骨、淋巴、筋膜油等修整干净。

切条：将修整好的牦牛里脊或外脊肉顺着肉丝的方向切成2～3 cm厚的长条。

腌制：将切成条的牦牛肉放入滚揉罐中，加入食用盐、白砂糖、谷氨酸钠、亚硝酸钠进行腌制，滚揉参数为：滚揉5 min间歇25 min，腌制总时间为24 h。

风干：将腌制好的牦牛肉用不锈钢钩挂在推车上，注意不能将肉条堆叠，肉条间的间距为5 cm左右，挂好后将推车推到通风干燥处用冷风机进行风干，时间约72 h。期间要转换推车的位置使风干得更加均匀。

蒸煮：将肉风干好以后，将推车推入烟熏炉中，设定程序为蒸煮，温度75℃、时间1 h。等蒸煮程序停后干燥2 min出炉。

切段：将已蒸煮好的肉条用菜刀切成2 cm左右宽，8 cm左右长的条。

真空包装:将切好的肉条在拉伸膜真空包装机进行真空包装。

杀菌:将包装好的风干牦牛肉在高温杀菌锅中进行高温高压杀菌,高温杀菌温度为 120℃,杀菌时间为 20 min。

清洗、晾干:将杀菌后并冷却的风干牦牛肉在自动清洗风干线上进行清洗和晾干,保证该产品表面的清洁、干净。

二次包装:将晾干的风干牦牛肉根据不同的净含量进行二次包装。

检验、装箱、入库:将经检验合格装好箱的风干牦牛肉进行入库销售。

(4)产品特点

采用现代工艺加工的风干牦牛肉感官品质好、口感和风味一致、产品形式均一,相比较于传统风干牦牛肉的加工方法,加工时间短,不受地域和自然条件的限制,有利于产品规模化的生产。

四、风干牦牛肉的加工方法

专利 CN105192728B 公开了一种风干牦牛肉的制备方法,主要工艺如下。

(1)原辅料

新鲜牦牛肉,食盐、胡椒粉、五香粉等天然香辛料。

(2)工艺流程

备料→腌制→风干→灭菌

(3)操作要点

备料:取牦牛肉,切成肉块,肉块的大小为 30 cm×3 cm×3 cm。

腌制:取肉块重量 3% 的食盐、0.5% 的胡椒粉、3%～4% 的辣椒粉、0.5%～0.6% 的花椒粉、0.3%～0.4% 五香粉、1% 的味精、2% 的料酒,混合调匀,均匀涂抹于肉块表面,每隔 2 d 重复涂抹 1 次,共涂抹 3 次,每次涂抹后,置于腌制池中腌制,最后一次涂抹后 7～8 d 取出肉块,沥干盐水。

风干:将肉块置于空气湿度为 30%～40% RH、温度为 −20～−10℃、风力为 1～4 级的室外环境中风干 7～8 d,再置于空气湿度为 40% RH、温度为 −10～−5℃的室内环境中放置 20 d。

灭菌:微波灭菌,微波灭菌的功率是 9 000 W,灭菌的时间是 2～4 min。

第三节　牦牛肉卤制品的加工

卤制品又称酱卤制品,是我国传统的一大类肉制品,其主要特点是成品是熟的,可直接食用,产品酥润,口感丰富,风味独特。牦牛肉卤制品也是牦牛肉产品的主要形式之一,深受广大农牧民和消费者的喜爱。

一、牦牛肉卤制品的加工原理

卤肉制品是向原料肉中加调味料和香辛料,以水为介质,加热煮制而成的熟肉类制品。成品可直接食用,色泽美观、香味浓郁、口感适中。调味和煮制是加工过程中的 2 个重要环节。调味根据加入调料的作用和时间可分为基本调味、定性调味、辅助调味 3 种。在原料整理之后,经过加盐、酱油或其他配料进行腌制,奠定产品的咸味,叫基本调味。原料下锅后,随同加入酱油、盐、料酒、香料等主要配料加热煮制或红烧,决定产品的口味叫定性调味。加热煮制之后或即将出锅时加入糖、味精等,增进产品的色泽和咸味,叫辅助调味。煮制就是对产品进行热加工的过程,加热的介质有水、蒸汽、空气等,目的是改善产品的感官性质,降低肉的硬度,使产品熟透,容易消化吸收。

卤肉制品属深加工肉制品,其风味主要产生在加热熟化阶段,包括美拉德反应、脂肪氧化、氨基酸及硫铵素的降解等过程。蛋白质经热和酶共同作用产生的游离氨基酸是风味的主要来源;大分子物质发生氧化水解,生成脂肪酸、核苷酸及磷脂类物质等小分子化合物,使肉制品的风味得到提高,更易被消化吸收。脂肪作为挥发性物质的溶剂,达到缓释的效果,是肉制品风味和特征香气的来源之一。香辛料的添加使制品滋味口感独一无二,并矫正了其中的不良风味。卤肉制品加工中的主要技术是腌制技术、煮制技术、滚揉技术、定量卤制技术、真空冷却技术、保鲜技术和杀菌技术。牦牛肉卤制品的加工也是按照以上原理加工而成。

二、红烧牦牛肉的加工

(1)原辅料

牦牛肉,食用盐、植物油、酱油、白糖、料酒、蚝油、十三香、干辣椒、花椒以及葱姜各种香辛料。

(2)工艺流程

原料挑选→修整→清洗→切块→预煮→加料煸炒→小火焖焙→大火收汁→装袋→杀菌→冷却→成品检验

(3)操作要点

原料挑选:选用健康良好,检验合格,肥瘦适宜的新鲜牦牛牛腩,冻牦牛肉须经过自然解冻或净水解冻;辅料、包装材料必须符合国家标准。

修整:剔除牦牛腩肉上过多的脂肪等杂质。

清洗:洗去污血等杂质,沥干。

切块:将牦牛肉切成 2 cm×2 cm 的方形肉块。

预煮:将切好的牦牛肉放入一定量的水中预煮,除去肉中的血沫然后取出牦牛肉沥干。

加料煸炒:调整适宜的温度,放入花生油,待油沸腾后,加入葱、姜煸炒,再加入预煮好的牦牛肉继续翻炒一定的时间。

小火焖焙:将煸炒后的牦牛肉放入水中,同时加入其他配料加盖烧至汤汁沸腾,然后连续焖焙一定时间。

大火收汁:待牦牛肉变软烂时,调整温度,大火收汁。

装袋:将加工好的红烧牦牛肉放入包装袋中真空包装。

杀菌:每个包装袋放入 250 g 红烧牦牛肉,用高压灭菌或微波杀菌处理。

冷却:将杀菌后的红烧牦牛肉进行自然冷却或放置通风干燥装置中,使其冷却至室温,即为成品。

成品检验:按照国家标准对成品进行感官、理化指标、微生物指标的检测。

三、卤汁牦牛肉的加工

(1)原辅料

牦牛肉,亚硝酸钠、D-异抗坏血酸、卡拉胶、生抽、复合磷酸盐、食用盐、白糖、料酒、八角、小茴香、陈皮、草果、肉蔻、丁香、良姜、砂仁、香叶、白芷、紫蔻、荜茇、桂皮、山柰、山草果等。

(2)工艺流程

原料肉验收及分割→浸泡清洗→滚揉→卤制→分切与拌料→真空包装与杀菌

(3)操作要点

原料肉验收及分割:选择检验检疫合格的牦牛肉,并将肉分割成(9~11)cm×(14~16)cm×(7~9)cm 的肉块。

浸泡清洗:把牦牛肉块放入清水中浸泡漂洗,以除去血水和杂质。

滚揉:将浸泡清洗后的牦牛肉块与滚揉配料放入真空滚揉机,在 0.35~0.45 MPa 下滚揉 1.9~2.1 h;每 100 kg 牦牛肉块需要的配料为:亚硝酸钠 6.8~7.2 g,D-异抗坏血酸钠 48~51 g,卡拉胶 168~173 g,乳酸链球菌素 9.8~10.2 g,防腐剂 33~35 g,增鲜剂 33~35 g,生抽 1.95~2.05 kg,复合磷酸盐 330~335 g,食用盐 1.95~2.03 kg,乳酸钠 328~332 g,味精 99~101 g,0~4℃的冰水 32.8~33.1 kg,白糖0.98~1.01 kg,料酒 1.99~2.03 kg。

卤制:将滚揉好的牦牛肉块放入卤水中,控制水温 85~100℃,煮 30~40 min,捞出沥干,得到卤牦牛肉块和卤汁;每 100 kg 牦牛肉块需要 98~101 kg 卤水;卤水的配料组成为:八角 118～122 g,小茴香 88～93 g,陈皮 78～82 g,草果 59～61 g,肉蔻 59～61 g,丁香 39～41 g,良姜 78～82 g,砂仁 39～42 g,香叶 29～32 g,白芷 49～52 g,紫蔻 38～41 g,荜茇 29.5～31 g,桂皮 69～71 g,山柰 59～62 g,山草果 9.5～10.2 g,余量为水。

分切与拌料:将卤牦牛肉块切成小块,并与辅料、卤汁一起混匀,得到卤汁牦牛肉;卤牦牛肉块与卤汁的质量比为 100∶(11.5～12.5);辅料包括葡萄糖、卡拉胶和乳酸链球菌素;卤牦牛肉块与葡萄糖、卡拉胶和乳酸链球菌素的质量比为 30 000∶(149～151)∶(358～362)∶(8.8～9.1)。

真空包装与杀菌:将卤汁牦牛肉真空包装,杀菌后得到成品。

第四节　重组牦牛肉制品的加工

随着现代加工技术的发展,一些形状不规则的牦牛肉块或加工后的边角料也可以通过重组的方式进行加工利用,由此形成了一系列的重组牦牛肉制品。重组牦牛肉制品因其经过重组加工可改善原料肉硬度大、口感差的特点而受到广大消费者的欢迎。

一、重组牦牛肉的加工原理

重组肉是借助于机械作用和添加辅料(如食盐、卡拉胶、植物蛋白等)以提取肌肉纤维中的蛋白质和利用添加剂的黏合作用,改变肉类原有的自然结构,使肌肉组织、脂肪组织和结缔组织得以合理的分布和转化,使肉颗粒和肉块重新组合,经冷冻后直接出售或经预热处理保留和完善其组织结构。

制作重组肉的方法有热黏结法和冷黏结法两种,热黏结法是利用肉本身析出的蛋白、食盐和磷酸盐以及机械加工制成的。这种重组肉在加热后可形成凝胶把碎肉黏结起来,但在生肉或冷冻状态下不能形成重组肉的完整形态。这种必须经过加热形成凝胶才能将碎肉重组的方法称为热黏结法。冷黏结法则不需要经过加热,在生肉或冷藏冷冻等状态下即可把碎肉黏结起来。目前,冷黏结法主要是利用海藻酸钙凝胶将碎肉网络起来或利用转谷氨酰胺酶分解蛋白质,使蛋白质之间发生交联,从而赋予产品特有的质地和黏合特性。这两种方法形成的凝胶均是热稳定性凝胶,一旦凝胶形成,产品可被冷冻而不会损害产品的黏结性。这种凝胶在随后的蒸煮过程中不会熔化。一些热黏结法利用可溶性肌纤维蛋白质的热凝胶作用使原料肉黏合在一起。烹调前向肉中加入食盐和多聚磷酸盐有助于肌原纤维蛋白的溶出。有时会另外加入脂肪、淀粉、亲水胶体、非肉蛋白等配料,这时可以形成多组分凝胶。多组分凝胶是一种主要由变性的肌球蛋白或肌动球蛋白形成的凝胶网状结构,其中包埋着其他成分。这一网状结构也是决定肉制品质构的主要因素。重组牦牛肉的加工也是按照相关原理加工而成。

二、重组牦牛肉的加工工艺

(1)原辅料

冷冻牦牛肉、谷氨酰胺转氨酶等。

(2)工艺流程

原料肉预处理→混合→重组成型→反应→冷冻→切片

(3)操作要点

原料肉预处理:选择牦牛肉分割或加工后的边角料及碎肉。切成大小为$(0.5\sim1)$cm$\times(0.5\sim1)$cm$\times(0.5\sim1)$cm 的肉粒,备用。

混合:将 200 g 牦牛肉与重组剂混合,搅拌均匀。重组剂制备好后要快速和牦牛肉混合,防止时间久转谷氨酰胺酶溶于水后失活。

重组成型:为了利于肉块成型,可先将其用塑料薄膜包裹好,利用成型设备的加压装置,施加一定的压力,尽量排出肉与肉之间的气泡,使肉块与重组剂紧密接触。

反应:反应温度 4℃,保持在反应压强 1 000 N/m^2,反应 12 h。

冷冻:放入冰箱中冷冻。在冷冻的条件下,更易得到预想的大小和形状。

三、重组牦牛肉脯的加工

(1)原辅料

新鲜牦牛肉,食盐、胡椒粉、五香粉等香辛料。

(2)工艺流程

原料肉选择→预处理→绞碎→配料→搅拌→腌制→成型→烘烤→冷却→包装→成品

(3)操作要点

原料肉选择:采用符合国家卫生标准的新鲜牦牛肉、分割碎肉、肉渣等。

预处理:将选好的原材料剔除皮、骨、筋膜等,洗净备用。

绞碎:在 0~10℃条件下将洗净备用的原料肉放入绞肉机中制成肉糜。

配料:将配料按试验设计添加到绞碎后的肉糜中,搅拌均匀。

腌制:将调好搅拌均匀的原料肉放置 0~4℃条件下腌制。

成型:将腌制好的原料肉制成肉脯,使其表面平整光滑。

烘烤:烘制温度和烤制温度按试验设计进行热制过程。

包装:采用真空包装机进行真空包装。

(4)重组牦牛肉脯产品特性

对牦牛碎肉的重组利用,既可以减少原材料的浪费,又可以开发生产出新产品,满足快速社会发展的需求。重组牦牛肉脯在加工过程中,改变了传统工艺的做法,用磷酸盐将肌肉中的盐溶蛋白溶出后,利用淀粉和大豆蛋白的凝胶和黏合特性,将肉糜之间黏结,形成表面光滑、组织状态紧实的肉脯制品,并对其色泽进行改善,刺激消费人群的食欲,提升消费者的购买欲望,最终生产出来的牦牛肉脯产品厚薄均匀,色泽红润,通透明亮,结构紧实,咀嚼性好,蛋白含量高,能够满足人体的日常需求,是休闲娱乐的佳品。

四、牦牛肉重组香肠的加工

(1)原辅料

新鲜或冷冻牦牛肉、蛋白酶、抗坏血酸钠等。

(2)工艺流程

原料肉选择→修整→嫩化腌制→绞碎→搅拌混合→肉汁乳化→成型→烘烤→冷却→包装→成品

(3)操作要点

原料肉选择、修整:选取经过充分冷却,中心温度为 3℃ 左右的鲜肉或刚解冻的冷肉,将肉块上的结缔组织、脂肪、淋巴、斑痕、淤血等去除,将肉切成长 5 cm、宽 3 cm 左右的块状。

嫩化腌制:利用复合蛋白酶嫩化原料肉 30 min 左右,加入辅料在 $-2\sim2℃$ 下腌制 12 h。同时注意在添加各种辅料时,抗坏血酸钠最后加入。

绞碎:利用筛孔直径为 3 mm 的绞肉机将肉绞成肉糜。

搅拌混合:通过搅拌使肉中各种辅料充分混合,使之均一。

肉汁乳化:将肉糜与肉汁碾磨,使之乳化。

成型:利用肉泵将乳化的肉泥注入肠衣,经过扭节,悬挂,即可拿去熏烤。

烘烤:根据产品要求,控制好空气循环量,烟气浓度,同时熏制温度控制在 $68\sim71℃$,$65\sim75$ min。

冷却:熏制后的香肠用冷水淋浇,使其内部温度降至 30℃ 左右,在相对湿度为 90% 的条件下,急冻 $6\sim8$ h,使其温度进一步降低。

包装:对成品进行真空包装,合格的产品贴上标签,加盖生产日期,放入 $0\sim4℃$ 的成品库待售。

第五节 发酵牦牛肉制品的加工

发酵肉制品具有悠久的历史,深受广大消费者的喜爱。传统发酵肉制品的生产是将原料肉处理后,在一定的条件下使其自然接种发酵;传统方法生产发酵肉周期长、产品质量不稳定、安全性较差。现代发酵肉制品一般是经人工筛选和生物育种培育出发酵微生物后,制成发酵剂,再进行发酵肉制品的生产。牦牛肉经过微生物发酵后可在一定程度上提升牦牛肉的产品品质和风味,因此,发酵牦牛肉制品也是牦牛肉加工的一类主要产品。

一、发酵牦牛肉的加工原理

发酵肉制品是指原料肉在自然状态或人工控制条件下,借助微生物发酵作用,产生具有特殊风味、色泽和质地,以及具有较长保存期的肉制品。发酵所用微生物种类有细菌、酵母和霉菌类。在肉制品发酵过程中,微生物将糖转化为各种酸或醇,使肉的 pH 降低,还能促进肉中蛋白质和脂肪的分解,产生特殊的风味物质。肉类在发酵时,一般水分含量和水分活度会降低,所以发酵肉制品具有较长的保存期。由于肉类在发酵的过程中会产生酸、醇、非蛋白氮化合物、脂类等,发酵肉制品会具有特殊的风味、色泽和质地。发酵牦牛肉的加工就是按照上述原理加工而成的。

常用的发酵菌种主要有:乳酸片球菌、戊糖片球菌等片球菌;乳酸杆菌;藤黄微球菌、玫瑰色微球菌、变异微球菌等微球菌;白地青霉、娄地青霉、纳地青霉等霉菌。

二、发酵牦牛肉的加工方法

(1)原辅料

牦牛肉、植物乳杆菌、戊糖片球菌等。

(2)工艺流程

原料肉→解冻、修整→清洗、切片→腌制→紫外杀菌→接种→发酵→密封包装→产品

(3)操作要点

将冷冻的牦牛肉放入 4℃冰箱中解冻;剔除牦牛肉上的筋膜和可见脂肪块后洗去血污,切成 5 cm×3 cm×3 cm、形状规整、厚薄均匀的肉块;置于每 100 mL 含食盐 3 g、亚硝酸钠 5 mg 的腌制液中,4℃腌制 12 h;腌制完成后的肉条沥干水分,分组并称质量,置于超净工作台用紫外线照射 40 min 后,将活化好的植物乳杆菌

和戊糖片球菌按 1:1 的比例通过注射的方式接种到牦牛肉中；用保鲜膜封口，置于恒温培养箱中在 30℃下发酵 18 h。

(4)产品特性

植物乳杆菌和戊糖片球菌复合发酵使牦牛肉的 pH 降低，剪切力下降，可溶性蛋白含量增加，牦牛肉嫩度得到一定程度的改善。

三、自然发酵牦牛肉的加工方法

(1)原辅料

牦牛肉、白砂糖、红糖、食盐、花椒、小茴香、姜、桂皮、荜茇、砂仁等。

(2)工艺流程

原料选择→搓糖→抹盐(腌制)→压桶(发酵)→晾晒→储藏→熟制→成品

(3)操作要点

原料选择：选用新鲜牦牛肉或冷冻牦牛肉为原料肉。

搓糖：将白砂糖或红糖均匀地撒在牦牛肉的表皮面，然后用力反复揉搓，直至糖被搓化，如果选用冷冻肉做原料，需要放在干净卫生的解冻池中完全解冻后再进行修整和搓糖。

抹盐：将盐、花椒、小茴香、姜、桂皮、荜茇、砂仁等料晒干或烘干，按一定比例混合拌匀，盛入木盆或专制的木盘内，然后把选好的肉块放入木盘中。

压桶：涂抹盐料的肉块分层入桶，将肉分层放入桶或池内压放，发酵约 30 d。

晾晒：将发酵完成的牦牛肉出桶，悬挂在"人"字形木架或搭建的木椽台上露天晾晒，如天气晴朗，约半个月时间便可晒好。

储藏：将经过晾晒的牦牛肉收入屋内架空储藏。

熟制：将牦牛肉蒸熟后即为成品。

第六节 牦牛肉松制品的加工

肉松因其营养丰富且具有高蛋白、低热量、脂肪和糖含量较低的特点，还含有钙、镁、钠、锌、锰、铁等多种元素而深受消费者的欢迎。由于肉松为动物性蛋白，缺乏膳食纤维、维生素等营养物质，因此，在肉松的加工中可加入一些谷物粉(植物蛋白)，使其营养成分和功能上产生互补效应，使人体所需营养成分更加完善合理，利于人体消化、吸收与利用。

一、牦牛肉松的加工原理

肉松是我国的著名特产,是选用新鲜优质的精瘦肉经煮制、炒干、搓松等工艺而加工成的一种营养丰富、易消化、使用方便、易于储藏的脱水制品。肉松种类多样,是佐餐、赠送、旅游的佳品。严格来讲,肉松也是干制品的一种,然而由于肉松的产品形式与干制品有很大的差别,为此单列为一类产品。牦牛肉松的制作基本按照上述原理加工而成。

二、传统牦牛肉松制作

(1)原辅料

牦牛肉、白酱油、黄酒、生姜、白砂糖、味精、粉洗盐、茴香。

(2)工艺流程

原料肉选择和处理→煮制→收汤→预冷→撕松→烘制→搓松→拣松→无菌包装→成品

(3)操作要点

原料肉选择和处理:选择经检验检疫合格的牦牛后腿肉为原料。将原料去除皮、骨、肥膘等,依肉的筋络将大块分成 500 g 左右的小块,然后顺着肌纤维方向切成 3~4 cm 长的条状。

煮制:将切好的瘦肉条放入锅内,加入与肉等量的水,用纱布包好香辛料后放入夹层锅中,煮沸后,上下翻动肉块,撇去浮沫(油沫、血沫等杂质),旺火煮 30 min 后,用文火焖煮 3~4 h,直到煮烂为止。

收汤:肉块煮烂后,改用中火,加入酱油、白酒等,边炒边压碎肉块,然后加入白糖、味精等,减小火力,收干肉汤。

预冷:收汤后,将肉块置于干燥通风处预冷,降温的同时使肉中的部分水分蒸发,以免炒松过程中由于肉中水分过多而发生粘锅现象。

撕松:将预冷后的肉放在消毒过的案板上,趁热用木桩敲打,使肉纤维自行散开。

烘制:半成品肉松纤维较嫩,为使其不受到破坏,第 1 次要用文火烘制,烘松机内的肉松中心温度以 50℃为宜,烘 4 min 左右,然后将肉松倒出,清除机内杂质后,再将肉松倒回去进行第 2 次烘制,烘制 15 min 即可。分 2 次烘制的目的是减少成品中的杂质与焦味,提高成品品质。经过 2 次烘制,原来较湿的半成品肉松会比较干燥、蓬松、轻柔。烘制过程应确保产品无结块、无结团、无异物,产品的水分含量不超过 10%,且每锅产品含水量应基本均匀。

搓松：用搓松机搓松，使肌纤维呈绒状松软状态。

拣松：在拣松机中，利用机器的跳动，使肉松从拣松机上面跳出，而肉粒从下面落出，使肉粒和肉松分开。

无菌包装：加工好的牦牛肉松在无菌室冷却后，装入无菌包装袋内进行封口包装。

三、绒状肉松的制作方法

（1）原辅料

牦牛肉，白糖、酱油、精盐、味精等调味料。

（2）工艺流程

原料肉整理→煮制→炒松→擦松→跳松（筛松）→拣松→肉松包装及储存

（3）操作要点

原料肉整理：原料肉去皮拆骨，修净肥膘、筋、腱和肌膜，切成 0.5～1 kg 的肉块。

煮制：煮制时加入与肉等质量的水，加入香辛料后，用大火煮至肉烂为止，大约 4 h；或用筷子对肉块稍加压，肌肉纤维可以分开表明肉已煮烂。煮制期间要将浮在水面的浮油和污沫撇净，否则肉松不易炒干，容易焦糊，影响成品的质量。煮制过程中，若水量不足，可以酌情加水，以能把肉煮烂且不影响其后收汤为原则。当肉煮到发酥时（约煮 2 h）放入料酒，继续煮到肉块自行散开时，加入白糖并用锅铲轻轻搅动。加白糖后 0.5 h 左右，肉煮到肌纤维酥中带硬时加入酱油、精盐、味精用文火收汤。若制作粒状肉松，煮肉时加水量与绒状肉松相同，开锅后撇去浮油和污沫即用文火炖制，当肉纤维松散、汤将干时再加其他辅料，搅拌均匀即可。

炒松：将料包从锅中取出后，先用中火炒制，一边用锅铲压散肉块，一边翻炒。要掌握炒压的适宜时间，若炒压过早，肉块未烂，不易压散，工效低；若压得过迟，肉块过烂，易煳锅底，造成损失，且肉松色泽较深。当肉块全都被压散后，用文火炒制，勤炒勤翻，操作轻而均匀，等到全部炒干，肉纤维松散，颜色由灰棕色转为灰黄色，最后变成金黄色，并具有肉松的香味为止。绒状肉松的色泽从烹调技术上说是煮肉过程中加入糖、酱油开始的，主要是羰氨反应和焦糖化反应引起的褐变。因焦糖化反应一般在 150℃ 以上才能使糖类降解生成黑褐色物质，使肉松色泽加深，故在炒松初期为促使水分蒸发应使锅底与肉松坯料接触的温度不超过 150℃，而后期因大部分机械结合水已被蒸发，仅需蒸发物理结合水时，炒制温度应低一些，一般控制在 80～95℃ 为宜。在加工技术上，除选用火候外，必要时锅可离火，并不断翻动，使炒和焙相结合。而粒状肉松因坯料煮得较烂，含糖量大，炒制过程中即使用文火炒制,也极易炒煳,形成锅巴。为此,除加强搅拌翻炒外,为防止产生焦煳味,要随时清除锅巴,一般用明火炒制需除焦巴 10 多次,且每次除焦巴后锅要刷洗干净,直到炒板肉松坯料呈酱红色酥脆的粉末状为止。

绒状肉松的擦松、跳松和拣松:经过炒制的肉松,还有一些肌纤维粘连在一起,为了使彼此粘连的肌纤维分开成绒状,需经擦松工序。最简单的擦松方法是用双手抓肉松坯料在手掌中揉搓,或者置于案板上用手掌搓动。但最好的方法是用滚筒式擦松机,既利于提高工效,也利于提升卫生指标。跳松是利用振动筛将长短不齐的肉松分开,使产品规格一致,筛下面的微粒可用来直接加工粒状肉松。拣松是将肉松中的焦块、不成松的肉块用人工挑选出来。

肉松包装及储存:肉松是干制品,吸水性很强,绒状肉松短期储藏可装入食品塑料袋内,用真空封口。长期储存宜用玻瓶或马口铁罐储存,储于干燥处,储存期6 个月。

(4)产品特性

绒状牦牛肉松色泽金黄、纤维松软、口味鲜美。

四、香菇柄牦牛肉松的加工

(1)原辅料:新鲜牦牛肉、香菇柄、大茴香、食用盐、黄酒、食用菜籽油、生姜、酱油、味精、白砂糖、辣椒粉。

(2)工艺流程

取香菇柄→拌炒→初烘→整丝→复烘→磨丝→炒松

原料肉整理→配料→煮制(加入香菇柄)

除去香菇柄→继续煮制至水干→炒松→擦松

(3)操作要点

香菇柄的选取:选择色泽正常、无霉变、无虫蚀、无异味的干香菇柄,置于水中浸泡,待变软后剪去菇柄下端老化部分,洗净待用。若选用的是新鲜香菇柄,则直接剪去菇柄下端老化部分,洗净后待用。

牦牛肉的整理:将新鲜牦牛肉去皮、骨、肥膘、筋腱等,顺瘦肉的纤维纹路切成肉条,然后再切成长约 7 cm、宽约 3 cm 的短条。

煮制:将大茴香、生姜用纱布包扎好,与肉条一起放入锅内,加入用纱布包好的香菇,倒入一定比例的水,用大火煮开,改用文火焖煮,待菇柄入味后即可取出香菇。尔后改用大火煮制,当肉煮到发酥时(约需煮 2 h),放入料酒、食盐,继续煮到肉块自行散开时,再加入白糖,用锅铲轻轻搅动,30 min后加入酱油、味精,煮到料汤快要干时,改用中火,防止结焦,再翻动几次,当肌肉纤维松软时,即可进入炒松工序。

拌炒香菇:在锅中加入适量食用油烧沸后,加入适量大蒜炸至金黄色、放出香味时,倒入已煮制好的香菇柄,立刻翻动拌炒,此时应注意火候不能过旺,以免烧焦菇根。拌炒约15 min后即可进行初烘。

香菇的初烘:将香菇柄取出,摊放在烘盘中。然后将烘盘置入烘箱中,在70~80℃下通风烘烤。期间注意翻动2~3次,至菇柄烘至半干、表面金黄色为止。

香菇的整丝:把烘制半干的菇柄撕成纤维丝状。

香菇的复烘:将以上制成的菇丝摊放在烘盘里,约2 cm厚。然后将烘盘放进烘箱,在60~70℃下通风烘3~4 h,期间应翻动2~3次。

磨丝:把复烘后的粗丝放入磨盘式粉碎机中,适当调整磨盘间距,使粉碎出的菇丝呈均匀的纤维絮状。

炒香菇松:将菇松倒入炒松机内,在50~55℃下烘炒至酥松、有浓郁香味时即为香菇松。

炒牦牛肉松:取出香料包,采用中等火力,用锅铲一边压散肉块,一边翻炒,注意炒压要适时,过早炒压工效低,而炒压过迟,肉烂易粘锅、炒糊。当肉块全部炒至松散时,要用小火勤炒勤翻,操作轻而均匀。当颜色由灰棕色变为金黄色、含水量达到20%、具有特殊香味时,即可结束炒松。

擦松:用滚筒式擦松机将肌肉纤维擦开,使炒好的肉松进一步蓬松。

配比:将30%的香菇松和70%的肉松均匀混合在一起,装入复合塑料袋内,真空封口,即为成品。

(4)产品特点

香菇牦牛肉松呈浅黄褐色,具有肉松特有的香味,无其他异味,而且滋味咸甜适中,形态似绒絮状。

第七节　手撕牦牛肉的加工

手撕牦牛肉是牦牛肉的主要产品形式之一,是青藏高原的传统纯天然绿色食品,因其食用时是用手顺着肌纤维撕下食用的而得名。

一、手撕牦牛肉的加工原理

手撕牦牛肉是以纤维较长的牦牛腿部肌肉为原料,采用腌制、熟制等一系列工艺制作而成的。手撕牦牛肉以高钙、高蛋白、低脂肪著称,口感鲜香味美,回味悠长,是不可多得的原生态健康、美味、休闲佳品。从加工工艺来看,手撕牦牛肉也属于干制品的一种,然而由于手撕牦牛肉特殊的食用方式和产品特点,且在青藏高原广泛流行,为此单独阐述。

二、手撕牦牛肉的制作方法 1

（1）原辅料

牦牛腿肉,五香粉、白芷等香辛料。

（2）工艺流程

原料肉修整→腌制→滚揉→初煮→熟制→卤制→后处理（炸制、炒后干制、干制）→包装→杀菌→成品

（3）操作要点

原料肉修整:选择健康无病新鲜的牦牛分割肉,剔除表面脂肪、杂物,洗净分切成 0.5 kg 左右的肉块。

腌制:将腌制剂、料酒等腌料配置成盐水溶液,注射入肉块中,在 4℃条件下腌制 24～48 h。

滚揉:将牦牛肉置于真空滚揉机中进行滚揉,滚揉在腌制期内进行。

初煮:将肉块放入蒸煮锅中初煮,在煮制过程中捞出浮沫。

熟制:将初煮后的牦牛肉放入蒸煮锅中,放入调料包及调料进行熟制。

卤制:将煮熟的牦牛肉按照产品定量标准切块,进行卤制。

后处理:对卤制后的牦牛肉进行炸制（或炒后干制、或干制）,制成不同形式的制品。

包装:用真空包装机进行真空包装。

杀菌:制品包装后用沸水煮 15～20 min,以杀灭包装过程中污染的微生物,提高制品的储藏性。

成品:经检验合格后的产品即为成品。

三、手撕牦牛肉的制作方法 2

专利 CN104323317A 公布了一种手撕牦牛肉的制作方法,其主要工艺流程如下。

（1）原辅料

牦牛肉,食盐、白砂糖、谷氨酸钠、亚硝酸钠等辅料。

（2）工艺流程

选料→修整→减菌→盐水注射→滚揉→腌制→煮制→油炸→包装杀菌

（3）操作要点

选料:选择检验检疫合格的牦牛肉。

修整:将牦牛肉分割成块状,去除筋膜和油脂,洗净,在嫩化机中至少进行一次嫩化处理。

减菌:将嫩化后的牦牛肉投入减菌液内浸泡 10~15 s 后捞出沥水。减菌液配方及质量百分比为:乙酸 2%~5%,抗坏血酸钠 2%~5%,硫代硫酸钠 2%~5%,山梨酸钾 1%~3%,其余为水。

盐水注射:将减菌处理后的牦牛肉进行盐水注射,盐水注射量为原料肉总质量的 15%~20%。盐水配方及质量百分比为:食盐 15%~20%,白砂糖 15%~20%,谷氨酸钠 5%~10%,亚硝酸钠 0.1%~0.2%,D-异抗坏血酸钠 2%~5%,其余为水。

滚揉:将注射盐水后的牦牛肉和腌肉用香料粉投入真空滚揉机中,在 0~4℃ 低温条件下进行真空滚揉。滚揉机工作 45 min,静置 10 min,间歇滚揉 16 h。

腌制:将滚揉结束后的牦牛肉出料到腌制桶中,加盖后在 0~4℃ 的低温中腌制 24~36 h,至牦牛肉中心为鲜艳的玫瑰红色,表面微黏手为止。

煮制:将煮锅内的香料水加热煮沸,加入腌制好的牦牛肉煮制,先大火煮 25~35 min,然后文火焖煮、保持微沸状态 30~40 min,煮制期间要不定时搅动,并撇除料汤表面的浮沫,煮制至牛肉块中心无血丝即可捞出。

油炸:牦牛肉冷却至常温后切成条状,油炸脱水,拌入辅料,真空包装。

包装杀菌:真空包装好后的牦牛肉置于杀菌釜中杀菌,杀菌温度为 121~125℃,时间为 14~16 min。

(4)产品特点

传统方法制作的手撕牦牛肉纤维较粗,口感不够好,且膻味较重。而本方法通过嫩化处理破坏肌纤维结构,增大腌制面积,使调料更容易进入纤维内部,更易入味,可以有效提高腌制质量,减轻膻味,改善口感。对牦牛肉进行减菌浸泡可以大大提高原料肉的初始卫生水平,可使菌落数量降低 100 倍以上;盐水注射可以使部分水溶性腌制料迅速进入肌肉深层,提高腌制质量;亚硝酸钠可以发色和抑制肉毒梭状芽孢杆菌,肉毒梭状芽孢杆菌高温不易杀死,一定要超过 121℃ 才能够完全杀死,而添加了亚硝酸钠后可以有效抑制肉毒梭状芽孢杆菌,欧盟对亚硝酸钠的要求是要小于 150 mg/kg,而我国要求要小于 30 mg/kg,D-异抗坏血酸钠可以抗氧化和护色,山梨酸钾可以防腐败;真空滚揉可以使腌制料迅速渗透进入肌肉深层提高腌制质量,并使肉质细嫩,还可防止氧化;低温腌制可以抑制微生物的生长繁殖,使牦牛肉充分吸收各种调味料和营养成分,蛋白质得到有效提取,发色彻底;煮制分为两段进行,前段大火煮制沸腾并保温 30 min,可以使表面快速凝固,有效防止水分及蛋白质的流失,后段文火保持微沸 40 min 至成熟,可以使肉缓慢成熟,提高了产品的出品率,提升了产品的口感,油炸脱水和二次拌料再次赋予产品良好的口感。采用本方法可以大大提高传统方式的保质期,具有良好的应用前景。

第八节 牦牛肉罐头的加工

肉类罐头按照加工及调味方法可以分为清蒸类罐头、调味类罐头、腌制类罐头、烟熏类罐头、香肠类罐头等。肉类罐头是一种耐储藏、携带方便、保质期长的产品,深受广大消费者喜爱。牦牛肉罐头也因货架期长而受到消费者的青睐。

一、牦牛肉罐头的加工原理

罐头是一种常见的被广大消费者所接受的一类产品。罐头的加工主要是通过高温灭菌。一方面能杀灭罐头内的微生物,又能使组织酶灭活;另一方面可以通过排气和密封抑制残留微生物的繁殖和内容物的氧化,使肉类罐头具有较长的保藏期。牦牛肉罐头是农牧民和广大消费者喜爱的产品之一。

罐头的主要加工步骤有原料肉的选择、预处理、油炸和预煮、装罐、排气与密封、杀菌和冷却。其中排气的作用是密封并将罐头内的空气排除,使罐内产生真空度;防止玻璃罐变形、爆裂;减少罐内残存氧气,防止腐败变质;减少维生素等养分的损失;更好地保存产品的色、香、味;减轻管壁的腐蚀,便于长期储存。

二、牦牛肉罐头的加工方法

(1)原辅料

主料:选择经卫生检验合格的健康牦牛,经屠宰、分割及冷加工,冷藏备用。

辅料:花生仁、核桃仁、糯米粉、香菇、黄花菜等。

调味料:花椒、茴香、胡椒、姜粉、食盐、鸡精、酱油、料酒、五香粉、白糖等香辛料,木瓜蛋白酶,焦磷酸钠。

(2)工艺流程

原料选择→解冻及修整→预处理→嫩化→腌制→预煮→空罐清洗消毒→装罐→预封→排气→杀菌→冷却→成品

(3)操作要点

原料选择:选择经检验检疫合格的牦牛肉及符合食品生产要求的辅料、调味料。

解冻及修整:鲜牦牛肉直接加工;冷冻牦牛肉在(4±1)℃解冻后使用。

预处理:将解冻后的原料肉表面的杂物以及骨头去除干净,待用。

嫩化:选用木瓜蛋白酶嫩化牦牛肉。

腌制:将嫩化好的牦牛肉通过真空腌制或低温常压腌制。真空腌制,将嫩化后的牦牛肉与调味料混合均匀后,放入真空干燥(0.05 MPa),温度为常温,真空腌制24 h;低温常压腌制:将嫩化后的牦牛肉与调味料混合均匀后,放入冰箱内,温度为4℃,腌制24 h。

预煮:把腌好的肉块放入夹层锅内煮制0.5 h,至肉块中心无血红色。一边煮一边除去泡沫浮油。预煮一般煮至八成熟,使组织紧缩并具有一定的硬度,便于装罐。同时可以防止肉汁混浊和产生干物质量不足的缺点。

空罐清洗消毒:采用马口铁罐。马口铁采用的是薄钢板材质,一方面能耐得住高温杀菌;另一方面可以在常温下延长罐头的保质期,是制作肉罐头的最佳之选。空罐消毒也就是烫罐的过程,方法就是把烫罐机,加水升温至80℃以上,把空罐放到烫罐机内,进行自动喷淋消毒。

装罐:将香辛料洗净,装入纱布口袋,扎紧袋口,加入适量牦牛肉汤煮沸20 min,定量,过滤备装罐;罐头的固形物含量达到55%左右,装罐时食品表面与容器翻边相距1~2 cm;罐装时应保证达到规定的重量;装罐时要保持罐口的清洁,不得有小片、碎块或油脂等,以免影响严密性。

预封:预封即将罐盖与罐筒边缘稍稍弯曲勾连,使罐盖在排气或抽气过程中不致脱落,并避免排气箱盖上蒸汽、冷凝水落入罐内。预封还可防止罐内由排气箱送至封罐机时顶隙温度的降低。但在生产玻璃罐装食品时,不必进行预封。

排气、杀菌:装罐后盖上罐盖在排气锅内加热,用温度计测罐头中轴线距罐底1/3处的温度,待温度上升到75℃开始计时,排气时间30 min。

冷却、成品:将杀菌后的罐头放置自然冷却后得成品。

三、红烧牦牛肉罐头的加工方法

(1)原辅料

牦牛肉,桂皮、姜、八角、茴香、花椒等调味料。

(2)工艺流程

原料→修整、切条、预煮→配汤→装罐→排气与密封→杀菌及冷却→成品

(3)操作要点

原料选择:选择经检验检疫合格的牦牛肉及符合食品生产要求的辅料。

修整、切条、预煮:选择去皮剔骨后的牦牛肉,除去过多的脂肪,将脂肪切成5~6 cm的条状,肋条肉切成6~7 cm的条肉。将腿肉和肋条肉分开预煮至肉中心稍带血色,然后切成厚1 cm、宽3~4 cm的肉片。

配汤：将桂皮、八角、茴香、花椒等配料煮沸熬制，出锅前加入黄酒，汤汁过滤后食用。

装罐：将初煮后的牦牛肉、汤料等按照重量装罐。

排气与密封：抽气密封，真空度达到53.3 kPa以上。

杀菌及冷却：按照1～90 min 反压冷却/121℃的杀菌公式杀菌。

(4)产品特性

红烧牦牛肉罐头呈酱红色或棕红色，具有红烧牦牛罐头特有的滋味、气味、无异味。肉质柔软、软硬适中、形状大小均匀一致。

第九节 牦牛肉灌肠的加工

灌制品主要有香肠、灌肠、香肚、小肚等。习惯上把我国各地生产的肠类食品叫作香肠或腊肠，把用国外传入的加工方法生产的产品称为灌肠。牦牛肉灌肠，是以牦牛肉为主要原料加入各种调味料，经熟制而制成的一类牦牛肉产品。深受广大牧民和消费者的欢迎。

一、牦牛肉灌肠的加工原理

灌制品是将肉类切成肉糜或肉丁状，加入调味料、香辛料、黏着剂等混合后，灌入动物或人造肠衣等容器内，经烘烤、煮制、烟熏等工艺加工而成的一类肉制品。灌制品种类繁多，可根据消费者的爱好精选原料肉，加入各种调味料制成各种风味不同的灌肠，也可以广泛采用各种原料肉、杂碎、副产品等加工成各种大众化的灌肠制品。灌肠制品多为熟制品，不需要加工就可以食用，且携带方便易于保存，深受广大消费者欢迎。

天然肠衣主要包括动物大肠、小肠、膀胱。随着科学技术的发展，用特种纤维制成的人造肠衣开始使用。

二、牦牛肉灌肠的加工方法

(1)原辅料

原料：新鲜牦牛后腿肉、天然肠衣。

配料：白砂糖1%、鸡精0.02%、生抽2%、料酒3%、大蒜末0.1%、植物油8%、混合香辛料0.06%（花椒粉、生姜粉、胡椒粉各占1/3）、土豆淀粉10%、纯净水10%、食用盐0.4%。

(2)工艺流程

新鲜牦牛肉→清洗→去除淋巴、筋→切块→绞肉→加入配料→搅拌均匀→灌肠→蒸煮→包装→成品

（3）操作要点

牦牛肉的处理：将新鲜牦牛肉的肥肉以及表面的筋、淋巴、肌膜等全部剔除，将处理好的肉块切成小块放入绞肉机中进行搅拌，搅拌过程中不要将肉绞成肉泥状，带颗粒的口感佳。

天然肠衣的处理：天然肠衣在使用前要进行清洗，洗去过多的盐渍，清水浸泡20 min 后，用料酒生抽浸泡 15 min 去腥，再次洗净之后备用。根据使用情况浸泡肠衣，长时间浸泡会影响肠衣品质，导致肠衣无法使用，建议用多少洗多少，避免浪费。

灌肠：灌肠时尽量要控制好力度，不能将肠衣握太紧导致肠衣破裂，或者灌肠松散，导致空气进入。灌肠每 10～15 cm 就要用细绳扎口，避免拖太长而使得肠衣破裂。灌肠后放入锅中蒸煮前，要在肠衣表面多扎小孔进行放气。

蒸煮时间：大火蒸煮 25 min 后冷却至室温。蒸煮时间不宜过长，否则会导致肠衣破裂。

（4）产品特点

用该方法制作的牦牛肉灌肠组织紧密，切面平整，口感细腻，风味独特，有良好的食用品质。

三、烟熏牦牛肉灌肠的加工方法

（1）原辅料

新鲜或冷冻牦牛肉、天然肠衣、各种香辛料。

（2）工艺流程

原料选择→开剖、去骨→修割、细切→腌制→绞碎→充填→干燥→煮制→烟熏→冷却→包装→成品

（3）操作要点

原料选择：经检验检疫合格的质量良好的新鲜牦牛肉或冷冻牦牛肉。

开剖、去骨：带骨的加工原料，经过开剖、去骨工艺，去除骨骼，并剔除部分脂肪。

修割、细切：去除键、衣膜、碎骨、软骨、血块、淋巴结等不利于加工部分，并将大块的原料分切成 500 g 左右的肉块，以便于腌制和绞碎。

腌制：将牦牛肉和脂肪分开在 4～6℃ 条件下用腌料腌制，使腌料充分渗透扩散。

绞碎:用绞肉机将腌制后的牦牛肉肉块绞碎成肉粒,脂肪切成 0.6～0.8 cm³ 方丁。

充填:将处理好的肉馅装入肠衣,装入时要紧、要实,以避免产生空隙。

干燥:在 65～70℃ 的条件下烘烤 40 min 左右,待肠衣表面干燥、光滑,变为粉红色,手摸无黏湿感觉且肠衣是半透明状时,停止烘烤。

煮制:在 85～90℃ 的条件下煮制,当灌肠的中心温度达到 68～70℃ 时停止。

烟熏:在烟熏箱内进行熏制。

冷却:将煮制或熏制的灌肠,冷却至 20℃ 左右,再移到 2～5℃ 的冷库冷却 24 h,然后包装。

(4)产品特点

烟熏牦牛肉灌肠的肠衣干燥完整,并与内容物密切结合,紧实有弹力,无黏液及霉斑,切面坚实而湿润,肉呈均匀的蔷薇红色,脂肪为黄白色,无腐臭,无酸败味。

第十节　牦牛肉其他产品的加工

牦牛肉的加工产品很多,除了前文提到的牦牛肉干、风干牦牛肉、手撕牦牛肉、卤制牦牛肉、牦牛肉松、牦牛肉罐头、牦牛肉灌肠等产品外,还有一些牦牛肉制品,加工方法简述如下。

一、牦牛肉酱的加工

(1)原辅料

植物油、精选藏牦牛肉、朝天椒、豆瓣酱、花生、蒜、甜面酱、芝麻、葱、姜、食用盐、香辛料、食品添加剂(谷氨酸钠、双乙酸钠、食用香精)。

(2)工艺流程

原料检验与分拣→洗瓶、烘瓶→解冻→预煮→冷却→斩拌→熬制→装瓶→封口→杀菌→冷却→贴标签→装箱→检验入库

(3)操作要点

原料检验与分选:牦牛肉选用加工牦牛肉干后所筛选的牦牛肉干粉末、颗粒和煮熟的牦牛肉为原料。将原料内可能存在的杂物挑拣干净。原料必须无异味、无霉斑、无杂质。

洗瓶、烘瓶:将瓶子清洗干净用清水漂洗两遍后用红外线干燥机进行烘干杀菌,备用。

解冻:需要的牦牛肉要先经过解冻、清洗和修整。

预煮：将牦牛肉放入夹层锅中进行预煮，煮至七成熟，时间为 40 min。

冷却：将煮好的肉放在常温下进行冷却。

斩拌：将冷却好的牦牛肉进行斩拌，使肉块变成肉丁。

熬制：把植物油烧至约 160℃ 时将豆瓣酱加入，熬制约 20 min 后加入朝天椒、花生、芝麻、豆豉再熬制约 30 min，加入已经处理好的肉末和肉丁，同时加入适量的水继续熬制约 2 h，再加入食用盐、白砂糖、香辛料（花椒粉、胡椒粉、姜粉）在锅中保持微沸 10 min 后关火进行罐装。

装瓶：罐装采用热灌装，就是罐装的牛肉酱必须保证在 80℃ 以上，罐装时按照相应的净含量罐装，旋盖时一定要将盖子旋紧。装袋的封口一定要平整。

杀菌：将装好的牛肉酱用高温高压杀菌，杀菌温度为 100℃，时间是 30 min。

冷却：将杀菌后的牛肉酱在自然条件下进行冷却。

贴标签：冷却好的瓶或袋装牛肉酱，用干净的、经灭菌的半干抹布进行擦净，贴上标签。

装箱、检验入库：将贴好标贴的牛肉酱经质检员验收合格后装箱，待检验合格后入库销售。

二、即食牦牛肉丸的加工

（1）原辅料

精选藏牦牛肉、鸡肉、水、淀粉、食用盐、白砂糖、大豆分离蛋白、香辛料、食品添加剂（谷氨酸钠、三聚磷酸钠、D-异抗坏血酸钠、卡拉胶、焦糖色、红曲红、双乙酸钠、亚硝酸钠、食用香精）

（2）工艺流程

原料分选→绞肉→斩拌→制丸→冷却→速冻→称重、装袋→封口→装箱→检验→入库

（3）操作要点

原料分选：选择加工过程中产生的碎肉，将碎肉中较大的油粒分拣出来，否则会影响肉肠的口感和感观。分选后的原料可暂存入库房，后期生产备用。

绞肉：将分选好的肉放入绞肉机内，再将称好的鸡油和乳化物放入绞肉机，一起绞碎。

斩拌：将绞肉机中绞好的肉放入斩拌机内进行高速斩拌，在斩拌过程中加入淀粉、蛋白、卡拉胶、香精（必须要用少量的水化开）、水等，在添加以上辅料时必须要慢慢地加入，以确保混合均匀。

制丸：斩拌好的肉泥放入制丸机内，调整好制丸的速度，以确保制出的牛肉丸

呈球形。

　　冷却：将定型的丸子用漏勺捞出后放入凉水中进行冷却，待冷却后将丸子捞出放入托盘中，并放到专用的车子上，将丸子制完后，将车推进速冻库进行冷冻。

　　速冻：将制好的丸子放入速冻库内进行速冻 12 h。

　　称重、装袋：从速冻库内将丸子取出，按要求进行称重、装袋。

　　封口：将装好丸子的袋子在连续封口机上进行封口，封口机的温度为 180℃。

　　装箱：将喷码的肉丸按相应的装箱系数（如 1×16 袋）进行装箱，装箱时采用冻肉箱，装完箱后在箱子上面标明产品的名称、净含量、规格、生产日期。

　　检验：按照检验标准对产品进行检验。

　　入库：合格产品直接入到冷藏库中保存。

三、冷冻牦牛肉的加工

　　为了防止热加工对牦牛肉营养价值的破坏，专利 CN106071914A 公开了一种冻干牦牛肉的加工方法。

　　(1)产品原料

　　牦牛肉。

　　(2)工艺流程

　　选料→切分→超高压处理→预冻→真空冷冻干燥→包装→成品

　　(3)操作要点

　　选料：选择经检验检疫合格的牦牛肉，按部位分割后选取加工部位的肉块。

　　切分：将选好的牦牛肉块按垂直于肌纤维方向切成肉片。

　　超高压处理：将肉样置于 100～400 MPa 压力下处理 10～30 min。

　　预冻：在 −35～−30℃ 条件下对牦牛肉片进行冻结。

　　真空冷冻干燥：在冷阱温度 40～60℃、真空度 20～40 Pa 条件下对牦牛肉进行真空冷冻干燥。

　　包装：将牦牛肉片放入塑料袋中真空包装成片状，再放入外包装储藏销售。

　　(4)产品特点

　　本方法制得的产品营养保健价值高、口感独特、食用方便、保质期长，易于储藏运输，是充分发挥高原牦牛肉特色资源的一种产品形式。

第八章 牦牛肉的加工现状

牦牛肉是牦牛的主要畜产品资源,长期以来,牦牛肉的加工主要停留在较传统的加工方式上。随着对牦牛肉品质研究的深入,大量先进的肉品加工技术也被应用到牦牛肉的加工中,促进了牦牛肉产业的发展。

第一节 牦牛肉制品的加工和研究现状

一、牦牛肉制品加工现状

在我国的青藏高原地区,牦牛肉加工产业是农牧民脱贫致富、实现乡村振兴的主要产业。当前,生鲜牦牛肉主要还是以热鲜肉、冷冻肉的形式出售,部分企业开始了冷鲜肉的研究和加工;牦牛肉熟制品主要有牦牛肉干、风干牦牛肉、手撕牦牛肉、牦牛肉粒、牦牛肉松、牦牛肉脯、酱牦牛肉、卤牦牛肉、牦牛肉香肠、牦牛肉酱等,其中以牦牛肉干、风干牦牛肉和手撕牦牛肉为主。从市场分析来看,牦牛肉制品价格与同类其他牛肉制品相比持平或略低,资源优势并未转变成竞争优势。从产品流通来看,大部分产品的销售以牦牛产地及周边地区为主,而这些地区的消费水平和消费能力尚处于较低阶段,北京、上海、广州、深圳等具有较强消费实力的大中城市中牦牛肉产品较少。由以上分析来看,牦牛肉制品还主要在青藏高原地区生产和销售,并未大规模走向高端市场以实现其价值。

随着人民生活水平的提高和人们对"纯天然、无污染、绿色、有机"食品的追求,牦牛肉制品作为青藏高原的特产渐渐受到人们的青睐,销量逐渐上升,也涌现出了规模较大的牦牛加工企业。其中,青海地区,青海可可西里食品有限公司曾在2012年6月8日举行了万吨藏牦牛肉精深加工项目投产仪式,该项目竣工投产,可收购藏牦牛肉18 000 t,占青海省藏牦牛肉产量的10%左右,且其产品从2005年创业初期的几个品种发展到现在的9大系列150多个产品。此外,还有青海西北骄天然营养食品有限公司、青海五三六九生态牧业科技有限公司、青海裕泰食品有限公司、青海夏华清真肉食品有限公司、青海祁连亿达食品有限公司、青海果洛金草原有机牦牛肉加工有限公司等企业在牦牛肉加工方面也有一定的规模。

青藏高原其他省区牦牛肉的加工业也有较大的发展。西藏地区,西藏藏北牦牛肉制品有限公司和西藏奇圣土特产品有限公司作为西藏畜牧业化重点企业为拉动藏区经济发展做出了较大贡献。四川地区,规模较大的牦牛肉加工企业有:西部牦牛集团和甘孜隆生美孜有限责任公司,两者分别是阿坝州和甘孜州牦牛产业化的核心企业;成都伍田食品有限公司和成都棒棒娃实业有限公司则是以牦牛肉为主要原料的肉制品加工企业。据报道,这四家代表性大企业每年加工的牦牛量占四川省年加工牦牛总量的70%以上,且在同类产品中有较强的竞争力,对四川省牦牛产业的发展举足轻重。甘肃地区,以甘肃安多清真绿色食品公司、甘肃锦凤翔清真食品有限公司、玛曲县天玛生态食品公司、雪域清真肉食品有限公司为代表的龙头企业,在树立品牌和开拓市场方面取得了不少成果。

二、牦牛肉制品研究现状

由于牦牛肉加工产业在我国起步较晚,且仍处于相对落后状态,我国相关学者对牦牛肉制品的研究也多集中在产品研发、加工工艺优化和嫩化技术上。目前,研制过的牦牛肉产品主要有牦牛肉干、牦牛肉粒、腊牦牛肉、牦牛肉脯、牦牛肉灌肠制品等,虽然部分产品加工工艺比较简单,品质有待改善,但都为我国牦牛肉制品的发展奠定了一定的基础。

在加工工艺研究方面,李升升等研究并优化了牦牛肉的煮制工艺参数。张怀珠等以青海产牦牛肉为原料,探讨比较了酱牦牛肉生产的传统工艺和新工艺的特点,同时参考国家标准和地方标准制定了相应的质量要求,为酱牦牛肉特色食品的发展奠定了基础。韩玲等将低温熟制、真空包装、二次杀菌综合栅栏效应和真空滚揉技术等先进的食品加工技术与传统酱卤制品制作技术结合用于牦牛肉加工中,得到了软硬适中、营养保健、安全可靠的酱卤牦牛肉制品。张盛贵等以牦牛肉为原料,经嫩化、蒸煮入味、切条、干燥等工序和调味料包配方选择及杀菌条件确定,研制出方便牦牛肉条的最佳工艺条件为:牦牛肉切成 3 cm×0.5 cm×0.3 cm 的条状,用 0.02% 的木瓜蛋白酶进行嫩化,真空加热干燥并将调料酱包在 100℃ 杀菌30 min。肖岚等通过正交试验设计和感官评定确定制作牦牛肉休闲肉粒的较佳工艺配方为牦牛肉100%,蛋白粉2.5%,大豆卵磷脂1.0%,豌豆粉4%和糖浆25%,用该工艺和配方生产的牦牛肉粒产品呈黄褐色,质地均匀,软硬适中,有嚼劲,具有牦牛肉特有的风味。白伟等利用正交试验得到咖喱牦牛肉松的最佳加工工艺为炒制温度 60℃,煮制时间 3 h,炒制时间 40 min,据此工艺条件下的最佳配方为:白酱油 12%,黄酒 4%,咖喱 4%,白砂糖 3%,食盐 4%,茴香 0.12%,生姜 1%。

在牦牛肉嫩化方面,施帅等研究结果表明,在 20℃ 下注射 24 000 U/kg 木瓜蛋白酶并在 20℃下放置 30 min,再冷却至 5℃的嫩化条件较好。处理后样品的感官品质不会改变,剪切力随着储藏时间的延长均显著降低,肌纤维直径有变细现象,pH 基本稳定。王树林等得出腌制剂配方为 3% $CaCl_2$、0.005%木瓜蛋白酶、0.5%复合磷酸盐时,牦牛肉的嫩化效果较好。

第二节　牦牛肉制品加工中存在的问题及对策

一、牦牛肉制品加工过程中存在的问题

(一)缺少标准支撑,相关成果采用率低

牦牛产业虽然是青藏高原的支柱产业,但是大量的标准集中在牦牛品种选育、补饲方面,牦牛屠宰、分级分割方面的标准较少,限制了牦牛肉产业的发展。在国家层面,国家商业部在 2005 年颁布了《牦牛肉》(SB/T 10399),但目前还没有国家或行业层面牦牛的屠宰、分割分级标准,虽然部分省(市)出台了相关的地方标准,但相关产品标准严重不足。相关企业参照《牛屠宰操作规程》(GB/T 19477)和《鲜、冻分割牛肉》(GB/T 17238)进行操作,还有企业根据自己的生产需要进行屠宰和分割。这一系列的原因导致了牦牛的屠宰存在一定的卫生和安全问题,市场流通产品的形态、名称各异,高档部位肉与中低档部位肉混淆,未能体现高档部位肉的价值;另一方面,对牦牛肉加工企业来说,加工原料肉部位不一致,会造成产品质量不稳定。因此,从牦牛产业的长远发展来看,亟需结合牦牛肉的特点,制定适宜于牦牛肉屠宰、分级分割和加工的标准来提升牦牛肉的价值,进而提高牦牛肉的附加值。

(二)热鲜和冷冻牦牛肉较多,冷鲜牦牛肉较少

从消费的角度来看,大部分的中国消费者还是偏好鲜食肉制品。当前,冷鲜肉是生鲜肉品的主要发展方向,尤其是在北京、上海、广州、深圳等具有较高消费能力的大中城市。然而牦牛肉的主要消费形式还是热鲜肉和冷冻肉,未能充分发挥牦牛肉的品质特点。因此,在冷鲜牦牛肉技术的研究方面亟待加强。

(三)牦牛肉制品同质化严重,缺乏特色产品

当前,市场上的牦牛肉产品主要是牦牛肉干、风干牦牛肉和手撕牦牛肉,这也是大部分牦牛肉加工企业生产的牦牛肉产品,在产品的加工工艺和特色上不突出,

造成了牦牛肉制品的优质不优价。据报道,目前在我国青藏高原地区有各种规模的牦牛肉制品生产企业 120 余家,主要以中小型企业为主,规模企业较少。大量的中小企业加工工艺相对落后,产品研发能力薄弱,产品价值较低,不但没有形成优质优价,反而扰乱了牦牛肉制品的市场秩序。此外,具有一定规模的企业,生产的牦牛肉制品与其他牛肉制品相比,没有显著的差异,未能发挥牦牛肉的独特品质。因此,在牦牛肉新产品、特色产品研发方面亟待提高。

(四)牦牛肉品质优良,但宣传力度不够

牦牛肉作为一种营养丰富的天然绿色食品,理应受到消费者的青睐,但是由于缺乏对牦牛肉营养品质、加工品质和加工方法等方面的宣传,导致消费者对牦牛肉"高蛋白低脂肪"的营养特性和"颜色深红、有嚼劲"的品质特性认识不足,限制了牦牛肉产品的精深加工和牦牛肉制品市场的进一步拓展。

二、针对牦牛肉加工中问题的对策

(一)政府引导,加快完善标准体系建设

在牦牛肉产品标准的建设方面,要突出政府的引导地位,推进相关研究机构联合牦牛肉加工企业制定切实可行的牦牛肉标准。尤其屠宰是牦牛生产、加工环节的关键步骤,也是保证牦牛肉及其他资源品质的关键工序。当前,国家已有相关标准规范畜禽屠宰,尤其是牛屠宰的相关标准,然而,由于青藏高原独特的自然环境,使得牦牛具有体型较一般的黄牛小、皮毛长且密、出栏年龄较大等问题。加之,当前牦牛的屠宰主要是各屠宰企业根据自身发展的特点开展屠宰,没有统一标准和科学的屠宰技术规程,由此造成宰后的牦牛肉品质不佳,严重阻碍了牦牛产业的良性发展。为此,急需建立牦牛屠宰、分割分级标准及主要牦牛肉制品的生产技术标准、产品质量标准、卫生安全标准等。逐步完善牦牛肉制品质量监督、过程控制和产品检测,同时对标准的实施进行严格的监督,逐步实行标准化生产、加工、包装、储运、销售,全面提高我国牦牛肉制品的品质和市场竞争力,缩短与发达国家之间的差距,同时,促进产品的出口。

(二)科研助力,攻关冷鲜牦牛肉加工关键技术

冷鲜肉,是指严格执行兽医检疫制度,对屠宰后的畜胴体迅速进行冷却处理,使胴体温度(以后腿肉中心为测量点)在 24 h 内降为 0~4℃,并在后续加工、流通和销售过程中始终保持 0~4℃范围内的生鲜肉。从冷鲜肉的定义来看,冷鲜肉的

加工环节对温度要求较高,因此在冷鲜牦牛肉的加工过程中要做好温度、微生物和品质的控制,需要相关的科研机构研制相关的技术和装备,促进冷鲜牦牛肉的发展。

(三)结合牦牛肉品质特性,开发特色产品

结合牦牛肉"高蛋白低脂肪"的营养特性和"颜色深红、有嚼劲"的品质特性,利用现代肉品加工原理和先进肉品加工设备,开发能充分利用牦牛肉独特品质的特色产品,使之区别于其他牛肉。同时,加强牦牛肉制品生产工艺、产品配方、腌制工艺、嫩化技术、护色技术等肉制品加工技术的研究。此外,通过对牦牛肉的重新定位,把其列入珍奇野味、功能食品、绿色保健食品的行列,拓宽牦牛肉制品的加工思路。

(四)通过"牦牛之都"建设,加大牦牛肉的宣传

借助青海省打造"牦牛之都"的契机,通过实施品牌战略,按照"人无我有、人有我优、人优我新、人新我细、人细我特"的品牌发展理念,立足牦牛资源独特优势,以生态畜牧业合作社为平台,以牦牛产业为重点,加大科技资金投入,解放思想,扬长避短,提高牦牛附加值,增强牦牛产业化发展,加大对牦牛肉资源的宣传。同时,充分借助青海省委省政府在人民大会堂发布的"青海牦牛"品牌的契机和青海省政府办公厅发布的《关于加快推进牦牛产业发展的实施意见》(青政办〔2018〕32号)和《牦牛和青稞产业发展三年行动计划(2018—2020年)》(青政办〔2018〕163号)等政策保障,大力推进青海乃至青藏高原牦牛产业的发展。

从牦牛肉制品的加工现状、研究现状以及牦牛肉产业发展中存在的问题及对策可以看出,牦牛肉产业的发展,不但需要政府加强引导,还需要科研机构的科技攻关。通过充分发挥牦牛肉的品质特点,结合现代食品科学加工技术的发展而生产的现代化产品,为牦牛肉的标准化、规模化、科学化生产提供了技术资料,为藏区农牧民的脱贫致富提供了技术支持,也促进青海"牦牛之都"的打造,助力"青海绿色有机农畜产品示范省"的建设,推进中国牦牛产业的绿色、健康、可持续发展。

参 考 文 献

[1]蔡立. 中国牦牛[M]. 北京:农业出版社,1992.

[2]常海军. 不同加工条件下牛肉肌内胶原蛋白特性变化及其对品质影响研究[D]. 南京:南京农业大学,2010.

[3]陈立娟,李欣,张德权,等. 蛋白质磷酸化对肉品质影响的研究进展[J]. 食品工业科技,2014,35(16):349-352.

[4]陈明,李爱媛. 钙调蛋白结合蛋白类肌钙蛋白和脊椎动物平滑肌收缩的调节[J]. 生理科学进展,1994,25(4):314-318.

[5]程碧君,郭波莉,魏益民,等. 不同地域来源牛肉中脂肪酸组成及含量特征分析[J]. 核农学报,2012,26(3):517-522.

[6]戴瑞彤,南庆贤. 气调包装对冷却牛肉货架期的影响[J]. 食品工业科技,2003,24(6):71-73.

[7]丁凤焕. 牦牛、犏牛及黄牛肉脂肪酸和风味物质测定及生产性能的比较分析[D]. 西宁:青海大学,2008:17-19.

[8]都占林,刘海珍. 青海牦牛的产肉性能及肉品中维生素含量的分析[J]. 中国草食动物,2009,29(3):62.

[9]高菲菲. 牛胃平滑肌加工特性研究[D]. 南京:南京农业大学,2012.

[10]郭淑珍,牛小莹,赵君,等. 甘南牦牛肉与其他良种牛肉氨基酸含量对比分析[J]. 中国草食动物,2009,29(3):58-60.

[11]郭永萍. 刚察县草原牦牛肉成分和营养品质的分析[J]. 黑龙江畜牧兽医,2011(16):42.

[12]郭兆斌,韩玲,余群力. 牦牛肉成熟过程中肉用品质及结构变化特点[J]. 肉类研究,2012,26(2):8-11.

[13]国家畜禽遗传资源委员会. 中国畜禽遗传资源志:牛志[M]. 北京:中国农业出版社,2011.

[14]韩登武. 中国天祝白牦牛[J]. 四川畜牧兽医,2003(11):46-47.

[15]韩莹. 牛肚涨发工艺技术及其过程中水分迁移规律与分布状态的研究[D]. 太古:山西农业大学,2013.

[16]何明珠. 麦洼牦牛、九龙牦牛种质资源特性及保护措施[J]. 草业与畜牧,2012(08):42-46.

[17]侯丽,柴沙驼,刘书杰,等. 青海牦牛肉与秦川牛肉氨基酸和脂肪酸的比较研究[J]. 肉类研究,2013,27(3):30-36.

[18]侯丽,柴沙驼,刘书杰,等. 青海牦牛肉与秦川牛肉食用品质和加工品质的比较研究[J]. 食品科学,2013,34(11):49-52.

[19]胡萍,赵玉霞,权玉玲,等. 天祝县白牦牛肉、乳营养成分分析[J]. 中国卫生检验杂志,

2008，18(8)：1621-1623.

[20]胡长利,郝慧敏,刘文华,等．不同组分气调包装牛肉冷藏保鲜效果的研究[J].农业工程学报,2007,2(7)：241-246.

[21]黄峰．细胞凋亡效应酶在牛肉成熟过程中的作用机制研究[D].南京：南京农业大学,2012.

[22]黄明．牛肉成熟机制及食用品质研究[D].南京：南京农业大学,2003.

[23]姬秋梅,普穷,达娃央拉,等．西藏三大优良类群牦牛的产肉性能及肉品质分析[J].中国草食动物,2000,2(5)：3-6.

[24]焦小鹿,刘海珍,范涛．青海牦牛肉的营养品质分析[J].中国草食动物,2005,25(3)：57-58.

[25]景缘,余群力,韩玲,等．青海大通犊牦牛肉食用品质与血清生化指标的相关性分析[J].食品科学,2013,34(7)：38-41.

[26]孔祥荣．牛肚卤制品加工及储存品质变化研究[D].福州：福建农林大学,2016.

[27]来得财,马黎明．青海牦牛与其他肉牛产肉性能及肉的食用品质对比分析[J].黑龙江畜牧兽医,2012(13)：70-71.

[28]郎玉苗,谢鹏,李敬,等．熟制温度及切割方式对牛排食用品质的影响[J].农业工程学报,2015,31(1)：317-325.

[29]郎玉苗．肌纤维类型对牛肉嫩度的影响机制研究[D].北京：中国农业科学院北京畜牧兽医研究所,2016.

[30]李红波,张金山,闫向民,等．新疆巴音郭楞蒙古自治州牦牛产业调研报告[J].中国牛业科学,2017(5)：69-72.

[31]李里特．食品物性学[M].北京：中国农业出版社,1998.

[32]李念．抗菌衬垫及包装材料对肉品保鲜效果影响的研究[D].重庆：西南大学,2007.

[33]李鹏,王存堂,张徐兰．白牦牛肉脂肪酸组成及分析[J].肉类工业,2007(9)：21-23.

[34]李鹏,余群力,杨勤,等．甘南黑牦牛肉品质分析[J].甘肃农业大学学报,2006,41(6)：114-117.

[35]李平．九龙牦牛品种资源保护与可持续利用对策探讨[A].首届中国牛业发展大会论文集[C].中国畜牧业协会、西北农林科技大学、中国畜牧业协会养牛学分会、中国良种黄牛育种委员会：中国畜牧业协会,2006：149-151.

[36]李升升,靳义超,谢鹏．包装材料阻隔性对牛肉冷藏保鲜效果的影响[J].食品工业科技,2015,36(15)：256-260.

[37]李升升,靳义超,闫忠心．不同热处理对牦牛肉嫩度的影响[J].青海畜牧兽医杂志,2015,45(6)：19-21.

[38]李升升,靳义超．包装对冷鲜牛肉冷藏保鲜效果的影响[J].家畜生态学报,2016,37(5)：37-41.

[39]李升升,靳义超,吴海玥,等．青海牦牛板筋加工工艺研究[J].青海畜牧兽医杂志,2012,

42(6):24-25.

[40]李升升,靳义超,谢鹏.包装材料阻隔性对牛肉冷藏保鲜效果的影响[J].食品工业科技,2015,36(15):256-260.

[41]李升升,靳义超,闫忠心.环湖牦牛屠宰性能及肉品质研究[J].食品工业,2016,37(7):172-174.

[42]李升升,靳义超.基于主成分和聚类分析的牦牛部位肉品质评价[J].食品与生物技术学报,2018,37(2):159-164.

[43]李升升,李全,靳义超,等.牦牛排加工技术研究[J].食品工业,2014,35(6):37-40.

[44]李升升,谢鹏,靳义超.气调包装技术在牛肉中的应用研究进展[J].食品工业,2014,35(4):153-157.

[45]李升升.热处理对牦牛肉品质的影响及其相关性分析[J].食品与机械,2016,32(4):207-210.

[46]李婷婷.大黄鱼生物保鲜技术及新鲜度指示蛋白研究[D].杭州:浙江工商大学,2013.

[47]李艳青.蛋白质氧化对鲤鱼蛋白结构和功能性的影响及其控制技术[D].哈尔滨:东北农业大学,2013.

[48]梁红,宋晓燕,刘宝林.冷藏中温度波动对牛肉品质的影响[J].食品与发酵科技,2015,51(6):36-40.

[49]梁育林,万占全.天祝白牦牛品种特征及资源保护措施[J].中国牧业通讯,2008(14):37-38.

[50]刘海珍.青海牦牛、藏羊的肉品质特性研究[D].兰州:甘肃农业大学,2005:29-44.

[51]刘慧,余群力,朱跃明,等.牦牛肉牛瘤胃平滑肌肌原纤维蛋白特性及品质变化差异分析[J].食品与发酵科技,2019,35(2):1-8.

[52]刘佳东,余群力,李永鹏.宰后冷却牦牛肉排酸过程中肉用品质的变化[J].甘肃农业大学学报,2011,46(2):111-114.

[53]刘勇.犊牦牛肉用品质、脂肪酸及挥发性风味物质研究[D].兰州:甘肃农业大学,2010:19-31.

[54]刘子溱,张玉斌,韩玲,等.青海大通犊牦牛肉与成年牦牛肉品质的比较[J].甘肃农业大学学报,2013,48(2):110-113.

[55]陆仲磷,何晓林,阎萍.世界上第一个牦牛培育新品种——"大通牦牛"简介[J].中国草食动物,2005(5):59-61.

[56]罗天林.宰后牛胃肠冷藏过程中品质变化规律及其加工适宜性研究[D].兰州:甘肃农业大学,2017.

[57]罗晓林,中国牦牛[M].成都:四川科技出版社,2019.

[58]罗毅浩,刘书杰.青海大通牦牛肉氨基酸及风味分析[J].食品科技,2010,35(2):106-111.

[59]罗毅皓,刘书杰,吴克选.大通犊牦牛肉食用品质研究[J].食品研究与开发,2010,31(1):20-23.

[60]罗毅皓,刘书杰.青海大通牦牛肉氨基酸及风味分析[J].食品科技,2010,35(2):106-113.

[61]罗章,马美湖,孙术国,等.不同加热处理对牦牛肉风味组成和质构特性的影响[J].食品科学,2012,33(15):148-154.

[62]洛桑,旦增,布多,等.藏北牦牛肉成分和营养品质的分析研究[J].安徽农业科学,2009,37(29):14198-14199;14223.

[63]马美湖,葛长荣,罗欣,等.动物性食品加工学[M].北京:中国轻工业出版社,2006.

[64]马美湖,葛长荣,罗欣,等.动物性食品加工学[M].北京:中国轻工业出版社,2015.

[65]南京雨润食品股份有限公司,商务部屠宰技术鉴定中心.GB/T 20799—2006 鲜、冻肉运输条件[S].北京:中国标准出版社,2006.

[66]牛小莹,郭淑珍,赵君,等.甘南牦牛肉营养成分含量研究分析[J].畜牧兽医杂志,2008,28(2):101-102.

[67]彭克美.动物组织学及胚胎学[M].北京:高等教育出版社,2011.

[68]戚震坤.嘉黎牦牛调查[J].中国牦牛,1982(03):51-56.

[69]青海省市场监督管理局.DB63/T 1782—2020 牦牛肉质量规格[S].青海:青海省标准化研究所,2020.

[70]青海省市场监督管理局.DB63/T 1783—2020 牦牛胴体分级[S].青海:青海省标准化研究所,2020.

[71]青海省市场监督管理局.DB63/T 1784—2020 牦牛胴体分割[S].青海:青海省标准化研究所,2020.

[72]青海省市场监督管理局.DB63/T 1785—2020 牦牛屠宰技术规程[S].青海:青海省标准化研究所,2020.

[73]青海省市场监督管理局.DB63/T 1786—2020 牦牛副产物整理技术规程[S].青海:青海省标准化研究所,2020.

[74]邱淑冰,张一敏,罗欣.冷藏温度下真空包装牛肉微生物及品质变化[J].食品与发酵工业,2012,38(1):181-185.

[75]邱翔,张磊,文勇立,等.四川牦牛、黄牛主要品种肉的营养成分分析[J].食品科学,2010,31(15):112-116.

[76]施帅,杨士章,牛林.木瓜蛋白酶对牦牛肉嫩化效果的研究[J].现代食品科技,2007,23(10):37-39.

[77]孙彩玲,田纪春,张永祥.TPA质构分析模式在食品研究中的应用[J].实验科学与技术,2007,5(2):1-4.

[78]孙天利,岳喜庆,张平,等.冰温结合气调包装对牛肉品质的影响[J].现代食品科技,2014,30(5):239-244.

[79]田甲春,余群力,保善科,等.不同地方类群牦牛肉营养成分分析[J].营养学报,2011,33(5):531-533.

[80]田甲春,韩玲,刘昕,等.牦牛肉宰后成熟机理与肉用品质研究[J].农业机械学报,2012,

43(12):146-150.

[81]田璐,李苗云,赵改名,等．气调包装冷却肉生物胺及腐败特性研究[J]．中国食品学报,2013,13(8):75-82.

[82]万红玲,雒林通,吴建平．牦牛肉宰后成熟嫩度预测模型与验证[J]．农业工程学报,2013,29(16):286-292.

[83]王存堂．天祝白牦牛肉质特性研究[D]．兰州:甘肃农业大学,2006:17-25.

[84]王复龙,高菲菲,彭增起．pH变换腌制对牛胃平滑肌嫩度、保水性及微观结构的影响[J]．食品工业科技,2016,37(3):110-114.

[85]王琳琳．Cyt-c释放和介导宰后牦牛肉线粒体凋亡途径激活机制及对嫩度影响的研究[D]．兰州:甘肃农业大学,2018.

[86]王英超,党源,李晓艳,等．蛋白质组学及其技术发展[J]．生物技术通讯,2010,21(1):139-144.

[87]温莉娟,马君义,曹晖,等．宰后不同冷藏时间对牛胃肌肉风味特征的影响[J]．食品与发酵工业,2018,44(6):216-225.

[88]谢荣清,罗光荣,杨平贵,等．不同年龄牦牛肉肉质测试与分析[J]．中国草食动物,2006,26(2):58-59.

[89]阎萍,梁春年．中国牦牛[M]．北京:中国农业科学技术出版社,2019.

[90]杨斌,陈峰,魏彦杰,等．牦牛肉加工与发展现状[J]．肉类工业,2010,(5):51-53.

[91]杨静娴,林原．平滑肌收缩的非钙依赖性调节机制[J]．国外医学·生理、病理科学与临床分册．2004,24(6):560-363.

[92]冶成君．优质牦牛肉肉质的综合评价[J]．青海畜牧兽医杂志,2004,34(4):18-19.

[93]于福清,文杰,陈继兰,等．矿物质元素对肉品质量的影响[J]．国外畜牧科技,2001,28(4):42-44.

[94]余群力,蒋玉梅,王存堂,等．白牦牛肉成分分析及评价[J]．中国食品学报,2005,5(4):124-127.

[95]余群力,冯玉萍．家畜副产物综合利用[M]．北京:中国轻工业出版社,2014.

[96]扎西吉,张红霞．甘南牦牛生产性能调查[J]．畜牧兽医杂志,2015,34(6):57-59.

[97]张晨,王妍,张丽,等．基于聚类分析的牦牛瘤胃精细划分及其蛋白组成和食用品质差异分析[J]．食品与发酵科技,2018,54(3):117-123.

[98]张怀珠,徐晓霞,王立军,等．酱牦牛肉加工工艺及其质量要求[J]．肉类工业,2012,(1):18-20.

[99]张辉,雷风．牦犊牛肉营养成分测定[J]．青海畜牧兽医杂志,1997,27(4):32-33.

[100]张继才,王安奎,等．中甸牦牛发展现状调查分析[J]．草食家畜,2010(04):4-6.

[101]张丽,孙宝忠,余群力．牦牛肉宰后成熟嫩度预测模型与验证[J]．农业工程学报,2013,29(16):286-292.

[102]张玲勤．抓住西部大开发机遇,加快青海牦牛业发展[J]．中国奶牛,2003(3):10-12.

[103]张兴，杨玉玲，马云，王静宇．pH 对肌原纤维蛋白及其热诱导凝胶非共价键作用力与结构的影响[J]．中国农业科学，2017，50(3)：567-573.

[104]赵艳云，连紫璇，岳进．食品包装的最新研究进展[J]．中国食品学报，2013，13(4)：1-10.

[105]甄少波，李兴民，解辉，等．一氧化碳气调包装肉的亚慢性毒性研究[J]．毒理学杂志，2006，20(6)：421.

[106]中华人民共和国国家质量监督检验检疫总局．GB 18393—2001 牛羊屠宰产品品质检验规则[S]．北京：中国标准出版社，2008.

[107]中华人民共和国国家质量监督检验检疫总局．GB 18406.3—2001 农产品安全质量无公害畜禽肉安全要求[S]．北京：中国标准出版社，2001.

[108]中华人民共和国国家质量监督检验检疫总局．GB/T 17238—2008．鲜，冻分割牛肉[S]．北京：中国标准出版社，2008.

[109]中华人民共和国农业部．NY/T 1333—2007．畜禽肉质的测定[S]．北京：农业出版社，2007.

[110]中华人民共和国国家卫生和计划生育委员会，国家食品药品监督管理总局．GB 2707—2016．食品安全国家标准鲜（冻）畜、禽产品[S]．北京：中国标准出版社，2016.

[111]中华人民共和国卫生部．GB 4789.2—2010．食品卫生微生物学检验[S]．北京：中国标准出版社，2010.

[112]中华人民共和国卫生部．GB/T 5009.44—2003 半微量凯氏定氮法测定挥发性盐基氮含量[S]．北京：中国标准出版社，2003.

[113]中华人民共和国卫生部．GB 4789.2—2010 食品卫生微生物学检验[S]．北京：中国标准出版社，2010.

[114]周光宏．肉品加工学[M]．北京：中国农业出版社，2008.

[115]周光宏．畜产品加工学[M]．北京：中国农业出版社，2002.

[116]朱喜艳，曹旭敏，武田博．青海牦牛与日本牛动物性食品脂肪酸含量比较分析[J]．青海畜牧兽医杂志，2005，35(4)：16-17.

[117]朱喜艳．青海牦牛肉与日本牛肉中矿物元素含量的对比分析[J]．黑龙江畜牧兽医，2010(18)：33-34.

[118]朱秀娟，余群力，李儒仁．采用响应面优化法研究木瓜蛋白酶嫩化牦牛肉的条件[J]．食品工业科技，2013，34(20)：230-234.

[119]左惠心．基于蛋白质组学的宰后牦牛肉保水性机制研究[D]．兰州：甘肃农业大学，2017.

[120]Ahhmed A. M.，Nasu T.，Muguruma M. Impact of transglutaminase on the textural, physicochemical，and structural properties of chicken skeletal, smooth, and cardiac muscles[J]. Meat Science，2009，83：759-767.

[121]Al-Omirah，H. F. Proteolytic degradation products as indicators of quality in meat and fish[D]. Montreal：McGill University，1996.

[122]Anderson H J. What is pork quality[M]//WENK C，FERNANDEZ J A，DUPUIS M.

Quality of meat and fat in pigs as affected by genetic and nutrition. Zurich Switzerland: EAAP Publication, 2000: 15-16.

[123]Ashburner M., Ball C. A., Blake J. A., et al. Gene ontology: tool for the unification of biology. The Gene Ontology Consortium[J]. Nature Genetics,2000, 25(1): 25-29.

[124]Attri P., Jha I., Choi E. H., et al. Variation in the structural changes of myoglobin in the presence of several protic ionic liquid[J]. International Journal of Biological Macromolecules, 2014, 69(8): 114-123.

[125]Bao Y L,Ertbjerrg P. Relationship between oxygen concentration, shear force and protein oxidation in modified atmosphere packaged pork[J]. Meat Science, 2015, 110(12): 174-179.

[126]Bao Y. L., Boeren S., Ertbjerg P. F. Myofibrillar protein oxidation affects filament charges, aggregation and water-holding[J]. Meat Science, 2018, 135: 102-108.

[127]Bar H., Strelkov S. V., Sjoberg G., et al. The biology of desmin filaments: how do mutations affect their structure, assembly, and organisation[J]. Journal of Structural Biology. 2004, 148(2): 137-152.

[128]Baron C. P., Jacobsen S., Purslow P. P. Cleavage of desmin by cysteine proteases: Calpains and cathepsinB [J]. Meat Science. 2004, 68(3): 447-456.

[129]Bee G., Anderson A. L., Lonergan S. M., et al. Rate and extent of pH decline affect proteolysis of cytoskeletal proteins and water-holding capacity in pork[J]. Meat Science. 2007, 76(2): 359-365.

[130]Bendixen E. The use of proteomics in meat science[J]. Meat science. 2005, 71(1): 138-149.

[131]Benjakul S., Seymour T. A., Morrissey M. T. Physicochemical changes in pacific whiting muscle proteins during iced storage[J]. Journal of Food Science. 1997, 62: 729-733.

[132]Bhat Z. F., Pathak V. Quality evaluation of mutton Harrisa during one week refrigerated storage[J]. Journal of Food Science and Technology-Mysore. 2012. 49:620-625.

[133]Bjarnadottir S. G., Hollung K., Færgestad E. M. Proteome changes in bovine longissimus thoracis muscle during the first 48 h postmortem shifts in energy status and myofibrillar stability[J]. Journal of agricultural and food chemistry. 2010, 58(12): 7408-7414.

[134]Bjarnadottir S. G., Hollung K., Hoy M. Proteome changes in the insoluble protein fraction of bovine *Longissimus dorsi* muscle as a result of low-voltage electrical stimulation[J]. Meat Science. 2011, 89(2): 143-149.

[135]Bjarnadottir S. G., Hollung K., Hoy M., et al. Changes in protein abundance between tender and tough meat from bovine longissimus thoracis muscle assessed by isobaric Tag for Relative and Absolute Quantitation (iTRAQ) and 2-dimensional gel electrophoresis analysis[J]. Journal of Animal Science. 2012,90: 2035-2043.

[136]Blank C. P. , Russell J. , Lonergan S. M. , et al. Influence of feed efficiency classification and growing and finishing diet type on meat tenderness attributes of beef steers[J]. Journal of Animal Science. 2017, 95, 2986-2992.

[137]Boatright K. M. , Salvesen G. S. Mechanisms of caspase activation[J]. Current Opinion Cell Biology. 2003, 15:725-731.

[138]Boehm M. L. , Kendall T. L. , Thompson V . E. , et al. Changes in the calpains and calpastatin during postmortem storage of bovine muscle[J]. Journal of Animal Science. 1998, 76: 2415-2434.

[139]Bowker B. , Zhuang H. Relationship between water-holding capacity and protein denaturation in broiler breast meat[J]. Poultry Science. 2015, 94(7): 1657-1664.

[140]Bradford M. M. A rapid and sensitive method for the quantitation of microgram quantities of protein utilizing the principle of protein-dye binding[J]. Analytical Biochemistry. 1976, 72: 248-254.

[141]Burke R. M. , Monahan F. J. The tenderization of shin beef using a citrus juice marinade [J]. Meat Science. 2003, 63(2):161-168.

[142]Caine W. R. , Aalhus J. L. , Best D. R. , et al. Relationship of texture profile analysis and Warner-Bratzler shear force with sensory characteristics of beef rib steaks[J]. Meat Science. 2003, 64(4): 333-339.

[143]Campo M. M. , Sanudo C. , Panca B. , et al. Breed type and ageing time effects on sensory characteristics of beef strip loin steaks[J]. Meat Science. 1999, 51(4):383-390.

[144]Cao J. , Sun W. , Zhou G. , et al. Morphological and biochemical assessment of apoptosis in different skeletal muscles of Bulls during conditioning[J]. Journal of Animal Science. 2010, 88(10):3439-3444.

[145]Carlin K. R. , Huff-Lonergan E. , Rowe L. J, et al. Effect of oxidation, pH, and ionic strength on calpastatin inhibition of μ-and m-calpain[J]. Journal of Animal Science. 2006, 84(4): 925-937.

[146]Chambers E N,Bowers J R. Consumer perception of sensory quality in muscle foods[J]. Food Technol, 1993, 47(11): 116-120.

[147]Chang Y. , Stromer M. H. , Chou R. R. μ-Calpain is involved in the postmortem proteolysis of gizzard smooth muscle[J]. Food Chemistry. 2013, 139:384-388.

[148]Chen L. , Feng X. C. , Lu F. , et al. Effects of camptothecin, etoposide and Ca^{2+} on caspase-3 activity and myofibrillar disruption of chicken during postmortem ageing[J]. Meat Science. 2011, 87(3):165-174.

[149]Chen L. J. , Li X. , Ni N. , et al. Phosphorylation of myofibrillar proteins in post-mortem ovine muscle with different tenderness[J]. Journal of the Science of Food and Agriculture. 2016, 96(5): 1474-1483.

[150]Chen Q. Q. , Huang J. C. , Huang, F. , Het al. Influence of oxidation on the susceptibility of purified desmin to degradation by μ-calpain, caspase-3 and-6[J]. Food chemistry. 2014, 150: 220-226.

[151]Chin K. B. , GO M. Y. , Xiong Y, L. Konjac flour improved textural and water retention properties of transglutaminase-mediated, heat-induced porcine myofibrillar protein gel: Effect of salt level and transglutaminase incubation[J]. Meat Science. 2009, 81(3): 565-572.

[152]Chriki S. , Renand G. , Picard B. , et al. Meta analysis of the relationships between beef tenderness and muscle characteristics[J]. Livestock Science. 2013, 155, 424-434.

[153]Clausen I, Jakobsen M, Ertbjerg P, et al. Modified atmosphere packaging affects lipid oxidation, myofibrillar fragmentation index and eating quality of beef[J]. Package Technology Science, 2009, 22(2): 85-96.

[154]Costelli P. , Reffo P. , Penna F. , et al. Ca^{2+}-dependent proteolysis in muscle wasting[J]. The International Journal of Biochemistry & Cell Biology. 2005, 37(10): 2134-2146.

[155]Cross H. R. , Carpenter Z. L. , Smith G. C. Effects of intramuscular collagen and elastin on bovine muscle tenderness[J]. Journal of Food Science. 1973, 38(6): 998-1003.

[156]D'Alessandro A. , Marrocco C. , Rinalducci S. , et al. Chianina beef tenderness investigated throughintegrated Omics [J]. Journal of Proteome Research. 2012, 75 (14): 4381-4398.

[157]Daun C. , Johansson M. , Önning G. , et al. Glutathione peroxidase activity, tissue and soluble selenium content in beef and pork in relation to meat ageing and pig RN phenotype [J]. Food Chemistry. 2001, 73(3): 313-319.

[158]De-Huidobro F. R. , Miguel E. , Blázquez B. , et al. A comparison between two methods (Warner-Bratzler and texture profile analysis) for testing either raw meat or cooked meat[J]. Meat Science. 2005, 69(3): 527-536.

[159]Delgado E. F. , Geesink G. H. , Marchello J. A. , et al. The calpain system in three muscles of normal and callipyge sheep[J]. Journal of Animal Science. 2001, 79:398-412.

[160]Di Monaco R, Cavella S, Masi P. Predicting sensory cohesiveness, hardness and springiness of solid foods from instrumental measurments[J]. Journal of Texture Studies, 2008, 39(2): 129-149.

[161]Dick F. M. , Wie V. D. , Zhang W. L. Identification of pork quality parameters by proteomics[J]. Meat Science. 2007, 51(1): 46-54.

[162]Doumit M. E. , Koohmaraie M. Immunoblot analysis of calpastatin degradation: Evidence for cleavage by calpain in postmortem muscle[J]. Journal of Animal Science. 1999, 77: 1467-1473.

[163]Du M. T. , Li X. , Li Z. , et al. Phosphorylation regulated by protein kinase A and alka-

line phosphatase play positive roles in μ-calpain activity[J]. Food Chemistry. 2018, 252 (33):33-39.

[164]Dubost A, Micol D, Picard B,Lethiasb C, Anduezaa D, Baucharta D, Listrata A. Structural and biochemical characteristics of bovine intramuscular connective tissue and beef quality[J]. Meat science, 2013, 95(3): 555-561.

[165]Dwyer D. S. Nearest-neighbor effects and structural preferences in dipeptides are a function of the electronic properties of amino acid side-chains[J]. Proteins Structure Function & Bioinformatics. 2006, 63 (4): 939-944.

[166]Enser M, Hallett K, Hewitt B, et al. Fatty acid content and composition of English beef, lamb and pork at retail[J]. Meat Science, 1996, 42(4): 443-456.

[167]Ercolini D, Russo F, Torrieri E, et al. Changes in the spoilage-related microbiota of beef during refrigerated storage under different packaging conditions[J]. Applied and environmental Microbiology,2006,72(7):4663-4671.

[168]Fang S. H. , Nishimura T. , Takahashi K. Relationship between development of intramuscular connective tissue and toughness of pork during growth of pigs[J]. Journal of Animal Science. 1999, 77(1): 120-130.

[169]Fauconneau B. , Gray C. , Houlihan D. F. Assessment of individual protein turnover in three muscle types of rainbow trout[J]. Comparative Biochemistry and Physiology. 1995, 111(1): 45-51.

[170]Faustman C. , Sun Q. , Mancini R. , et al. Myoglobin and lipid oxidation interactions: mechanistic basesand control[J]. Meat Science. 2010, 86(1): 86-94.

[171]Ficai A. , Albu M. G. , Birsan M. , et al. Collagen hydrolysate based collagen/hydroxyapatite composite materials[J]. Journal of Molecular Structure. 2013, 1037: 154-159.

[172]Gallien S. , Bourmaud A. , Kim S. Y. , et al. Technical considerations for large-scale parallel reaction monitoring analysis[J]. Journal of Proteomics. 2014, 100:147-159.

[173]Geesink G. H. , Kuchay S. , Chishti A. H. , et al. μ-Calpain is essential for postmortem proteolysis of muscle proteins[J]. Journal of Animal Science. 2006,84,2834-2840.

[174]Gerhardy H. Quality of beef from commercial fattening systems in Northern Germany[J]. Meat Science. 1995, 40(1):103-120.

[175]Goll D. E. , Thompson V. F. , Li H. The calpain system[J]. Physiological reviews. 2003, 83(3): 731-801.

[176]Gonzalez A. R. , Pflanzer S. B. , Garmyn A. J. , et al. Effects of postmortem calcium chloride injection on meat palatability traits of strip loin steaks from cattle supplemented with or without zilpaterol hydrochloride [J]. Journal of Animal. Science. 2012, 90, 3584-3595.

[177]Gunning P. , O' Neill G. , Hardeman E. Tropomyosin-based regulation of the actin cytoskeleton in time and space[J]. Physiological Reviews. 2008, 88:1-35.

[178]Hatae K，Yoshimatsu F，Matsumoto J J. Role of muscle fibers in contributing firmness of cooked fish[J]. Journal of Food Science,1990,55(3):693-696.

[179]Hayet B. K. , Rym N. , Ali B. , et al. Low molecular weight serine protease from the viscera of sardinelle (Sardinella aurita) with collagenolytic activity: purification and characterisation[J]. Food Chemistry. 2011, 124(3):788-794.

[180]Henk L. , Labeit G. S. Titin and Its associated proteins: the third myofilament system of the sarcomere[J]. Advances in Protein Chemistry. 2005, 71:89-119.

[181]Herrera-Mendez C. H. , Becila S. , Boudjellal A. , et al. Meat ageing: Reconsideration of the current concept [J]. Trends in Food Science & Technology. 2006, 17:394-405.

[182]Hess D. T. , Matsumoto A. , Kim S. O. Protein S-nitrosylation: purvie and parameters [J]. Nature Reviews Molecular Cell Biology. 2005, 6(2): 150-166.

[183]Hill F. The solubility of intramuscular collagen in meat animals of various ages[J]. Journal of Food Science. 1966, 31:161-166.

[184]Ho C. Y. , Stromer M. H. , Robson R. M. Identification of the 30 kDa polypeptide in post mortem skeletal muscle as a degradation product of troponin-T[J]. Biochimie. 1994, 76(5): 369-375.

[185]Honikel K. O. , Kim C. J. Causes of the development of PSE pork[J]. Fleischwirschaft. 1986, 66: 349-353.

[186]Hopkins D. , Thompson J. Factors contributing to proteolysis and disruption of myofibrillar proteins and the impact on tenderisation in beef and sheep meat[J]. Australian Journal of AgriculturalResearch. 2002, 53(2): 149-166.

[187]Huang F. , Huang M. , Zhang H. , et al. Changes in apoptotic factors and caspase activation pathways during the postmortem aging of beef muscle[J]. Food Chemistry. 2016, 190:110-114.

[188]Huang F. , Huang M. , Zhou G. H. , et al. In vitro proteolysis of myofibrillar proteins from beef skeletal muscle by caspase-3 and caspase-6[J]. Journal of Agricultural and Food Chemistry. 2011, 59:9658-9663.

[189]Huang H. , Larsen M. R. , Palmisano J. , et al. Quantitative phosphoproteomic analysis of porcine muscle within 24 h postmortem[J]. Journal of Proteome Research. 2014, 106: 125-139.

[190]Huff-Lonergan E. , Mitsuhashi T. , Beekman D. D. , et al. Proteolysis of specific muscle structural proteins by mu-calpain at low pH and temperature is similar to degradation in postmortem bovine muscle[J]. Journal of Animal Science. 1996, 74(5): 993-1008.

[191]Huff-Lonergan E. , Parrish F. C. , Robson R. M. . Effects of postmortem aging time, animal age, and sex on degradation of titin and nebulin in bovine longissimus muscle[J]. Journal of Animal Science. 1995,73 :1064-1073.

[192]Hughes J. M. , Oiseth S. K. , Purslow P. P. , et al. A structural approach to understanding the interactions between colour, water-holding capacity and tenderness[J]. Meat Science. 2014,98(3): 520-532.

[193]Hughes M. C. , Geary S. , Dransfield E. Characterization of peptides released from rabbit skeletal muscle troponin-T by μ-calpain under conditions of low temperature and high ionic strength[J]. Meat Science. 2001, 59:61-69.

[194]Hugo A, Roodt A E. Significance of porcine fat quality in meat technology: a review[J]. Food Reviews International, 2007, 23(2): 175-198.

[195]Hyldig G. , Nielsen D. A review of sensory and instrumental methods used to evaluate the texture of fish muscle[J]. Journal of Texture Studies. 2001, 329(3): 219-242.

[196]Jeremiah L. E. , Dugan M. E. R. , Aalhus J. L. , et al. Assessment of the relationship between chemical components and palatability of major beef muscles and muscle groups. Meat Science. 2003, 65:1013-1019.

[197]Jia X. , Hildrum K. I. , Westad F. , et al. Changes in enzymes associated with energy metabolism during the early post mortem period in *longissimus thoracis* bovine muscle analyzed by proteomics[J]. Journal of Proteome Research. 2006, 5(7): 1763-1769.

[198]Judge M. D. , Aberle E. D. Effect of chronological and postmortem ageing on thermal shrinkage temperature of bovine intramuscular collagen[J]. Journal of Animal Science. 2008, 86(1):68-71.

[199]Jung S. , Ghoul M. , Lamballerie-Anton M. D. Changes in lysosomal enzyme activities and shear values of high pressure treated meat during ageing[J]. Meat Science. 2000, 56(3): 239-246.

[200]Kanehisa M. , Goto S. KEGG for integration and interpretation of large-scale molecular datasets[J]. Nucleic Acids Research. 2012, 40(1): 109-114.

[201]Kapprell H. P. , Goll D. E. Effect of Ca^{2+} on binding of the calpains to calpastatin[J]. The Journal of Biological Chemistry. 1989, 264:17888-17896.

[202]Katikou P, Ambrosiadis I, Georgantelis D. Effect of Lactobacillus-protective cultures with bacteriocin-like inhibitory substances producing ability on microbiological, chemical and sensory changes during storage of refrigerated vacuum-packaged sliced beef[J]. Journal of Applied Microbiology, 2005, 99(6):1303-1313.

[203]Katikou P. , Ambrosiadis I. , Georgantelis D. Effect of Lactobacillus-protective cultures with bacteriocin-like inhibitory substances producing ability on microbiological, chemical and sensory changes during storage of refrigerated vacuum-packaged sliced beef[J]. Journal of Applied Microbiology. 2005, 99(6):1303-1313.

[204]Kemp C. M. , Parr T. Advances in apoptotic mediated proteolysis in meat tenderization [J]. Meat Science. 2012, 92,252-259.

[205]Kemp C. M. , Sensky P. L. , Bardsley R. G. , et al. Tenderness-An enzymatic view[J]. Meat Science. 2010, 84:248-256.

[206]Kenneth W. McMillin. Where is MAP Going? A review and future potential of modified atmosphere packaging for meat [J]. Meat Science, 2008, 80(1): 43-65.

[207]Kent M. P. , Spencer M. J. , Koohmaraie M. Postmortem proteolysis is reduced in transgenic micro over expressing calpastatin[J]. Journal of Animal Science. 2004, 82(3): 794-801.

[208]Kim N. K. , Cho S. , Lee S. H. , et al. Proteins in longissimus muscle of Korean native cattle and their relationship to meat quality[J]. Meat Science. 2008, 80(4): 1068-1073.

[209]Kim Y. H. , Huff-Lonergan E. , Sebranek J. G. , et al. High-oxygen modified atmosphere packaging system induces lipid and myoglobin oxidation and protein polymerization [J]. Meat Science. 2010,85(4): 759-767.

[210]Koohmaraie M. Biochemical factors regulating the toughening and tenderization processes of meat[J]. Meat Science. 1996, 43:193-201.

[211]Kovacs I. , Lindermayr C. Nitric oxide-based protein modification: formation and site-specificity of protein S-nitrosylation[J]. Front Plant Science. 2013, 4: 137.

[212]Kristensen L. , Purslow P. P. The effect of ageing on the water-holding capacity of pork: Role of cytoskeletal proteins[J]. Meat Science. 2001, 58:17-23.

[213]Kubota M. , Kinoshita M. , Takeuchi K. , et al. Solubilization of type I collagen from fish muscle connective tissue by matrix metalloproteinase-9 at chilled temperature[J]. Fisheries Science. 2003, 69(5):1053-1059.

[214]Laemmli U. K. Cleavage of structural proteins during the assembly of the head of bacteriophage T4[J]. Nature. 1970, 227: 680-685

[215]Lametsch R. , Karlsson A. , Rosenvold K. , et al. Postmortem proteome changes of porcine muscle related to tenderness[J]. Journal of Agricultural and Food Chemistry. 2003, 51: 6992-6997.

[216]Lametsch R. , Roepstorff P. , Bendixen E. Identification of protein degradation during post-mortem storage of pig meat[J]. Journal of Agricultural and Food Chemistry. 2002, 50(20): 5508-5512.

[217]Lana A. , Zolla L. Proteolysis in meat tenderization from the point of view of each single protein: A proteomic perspective[J]. Journal of Proteomics. 2016, 147:85-97.

[218]Lass A, Zimmermann R, Haemmerle G, et al. Adipose triglyceride lipase-mediated lipolysis of cellular fat stories is activated by CGI-58 and defective in Chanarin-Dorfman Syndrome[J]. Cell Metabolism, 2006, 3(5): 309-319.

[219]Laville E. , Sayd T. , Morzel M. , et al. Proteome changes during meat aging in tough and tender beef suggest the importance of apoptosis and protein solubility for beef aging and tenderization[J]. Journal of Agricultural and Food Chemistry. 2009, 57:10755-10764.

[220]Lawrie R. A. , Ledward D. A. Meat Science[M]. Abington：Woodhead publishing limited，2006.

[221]Lee K. T. Quality and safety aspects of meat products as affected by various physical manipulations of packaging materials[J]. Meat Science. 2010，86(1)：138-150.

[222]Lehman W. Calponin and the composition of smooth muscle thin filaments[J]. Journal of Muscle Research and Cell Motility. 1991,12 ：221-224.

[223]Lehr H A, Vajkoczy P，Menger M D，et al. Do vitamin E supplements in diets for laboratory animals jeopardize findings in animal models of disease[J]. Free Radical Biology and Medicine，1999，26(3/4)：472-481.

[224]Li M. N. , Zhang K. , Long R. C. , et al. iTRAQ-based comparative proteomic analysis reveals tissue-specific and novel early-stage molecular mechanisms of salt stress response in carex rigescens[J]. Environment and experimental botany. 2017，143:99-114.

[225]Lindahl G. , Lagerstedt A. , Ertbjerg P. , et al. Ageing of large cuts of beef loin in vacuum or high oxygen modified atmosphere—effect on shear force, calpain activity, desmin degradation and protein oxidation[J]. Meat Science. 2010，85：160-166.

[226]Liu A. , Nishmura T. , Takahashi K. Structural weakening of intramuscular connective tissue during post mortem ageing of chicken semitendinosus[J]. Meat Science. 1995, 39 (1)：135-142.

[227]Lomiwes D. , Hurst S. M. , Dobbie P. , et al. The protection of bovine skeletal myofibrils from proteolytic damage post mortem by small heat shock proteins[J]. Meat Science. 2014，97:548-557.

[228]Lonergan E. H. , Zhang W. G. , Lonergan S. M. Biochemistry of postmortem muscle-Lessons on mechanisms of met tenderization[J]. Meat Science. 2010，86:184-195.

[229]Lopacka J，Poltorak A，Wierzbicka A. Effect of MAP, vacuum skin-pack and combined packaging methods on physicochemical properties of beef steaks stored up to 12 days[J]. Meat Science,2016, 119(1):147-153.

[230]Lund M N,Lametsch R,Hvid M S, et al. High oxygen packaging atmosphere influences protein oxidation and tenderness of porcine longissimus dorsi during chill storage[J]. Meat Science, 2007, 77(3)：295-303.

[231]M. G. O'Suhivan, M. Cruz-Romero, J. P. Kerry. Carbon dioxide flavor taint in modified atmosphere packed beef steaks[J]. Food Science and Technology,2013,44(10):2193-2198.

[232]Maruyama K. , Nayori K. , Nonomura Y. New elastic protein from muscle[J]. Nature. 1976，262:58-60.

[233]Melody J. L. , Lonergan S. M. , Rowe L. J. , et al. Early postmortem biochemical factors influence tenderness and water-holding capacity of three porcine muscles[J]. Journal of Animal Science. 2004，82(4)：1195-1205.

[234]Michelin A. C. , Justulin L. A. , Delella F. K. , et al. Differential MMP-2 and MMP-9 activity and collagen distribution in skeletal muscle from pacu (Piaractus Mesopotamicus) during juvenile and adult growth phases[J]. The Anatomical Record. 2009, 292(3):387-395.

[235]Modzelewska-Kapitula M. , Kwiatkowska A. , Jankowska B. , et al. Water holding capacity and collagen profile of bovine m. infraspinatus during postmortem ageing[J]. Meat Science. 2015, 100: 209-216.

[236]Nakamura R. , Sekoguchi S. , Sato Y. The contribution of intramuscular collagen to the tenderness of meat from chicken with different ages[J]. Poultry Science. 1975, 54: 1604-1612.

[237]Nishimura T. , Liu A. , Hattori A. , et al. Changes in mechanical strength of intramuscular connective tissue during postmortem ageing of beef[J]. Journal of Animal Science. 1998,76(4):528-532.

[238]O'Sullivan M. G. , Cruz-Romero M. , Kerry J. P. Carbon dioxide flavor taint in modified atmosphere packed beef steaks[J]. LWT-Food Science and Technology. 2011, 44(10): 2193-2198.

[239]Otsuka Y. , Goll D. E. Purification of the Ca^{2+}-dependent proteinase inhibitor from bovine cardiac muscle and its interaction with the millimolar Ca^{2+}-dependent proteinase[J]. The Journal of Biological Chemistry. 1987, 262: 5839-5851.

[240]Ouali A. , Talmant A. Calpains and calpastatin distribution in bovine, porcine and ovine skeletal muscles[J]. Meat Science. 1990, 28(4): 331-348.

[241]Patra D. , Mishra A. K. Recent developments in multi-component synchronous fluorescence scan analysis[J]. TrAC Trrnds in Analytical Chemistry. 2002, 21(12): 787-798.

[242]Pennington S. R. , Wilkins M. R. , Hochstrasser D. F. , et al. Proteome analysis: from protein characterization to biological function[J]. Trends in Cell Biology. 1997, 7(4): 168-173.

[243]Peuhu E. , Salomaa S. , Franceschi N. D. , et al. Integrin beta 1 inhibition alleviates the chronic hyperproliferative dermatitis phenotype of SHARPIN-deficient mice[J]. Plot One. 2017, 12:1-14.

[244]Polati R. , Menini M. , Robotti E. , et al. Proteomic changes involved in tenderization of bovine Longissimus dorsi muscle during prolonged ageing[J]. Food Chemistry. 2012, 135:2052-2069.

[245]Powell T. H. , Hunt M. C. , Dikeman M. E. Enzymatic assay to determine collagen thermal denaturation and solubilization[J]. Meat Science. 2000, 54(4):307-311.

[246]Prates J. A. M. , Ribeiro A. M. R. , Correia A. A. D. Role of cysteine endopeptidases (EC 3. 4. 22) in rabbit meat tenderisation and some related changes[J]. Meat Science. 2001, 57 (3): 283-290.

［247］Rajagopal K. ，Oommen G. T. Myofibril fragmentation index as an immediate postmortem predictor of buffalo meat tenderness［J］. Journal of Food Processing and Preservation. 2015，39：1166-1171.

［248］Ramos-Vara J. A. ，Miller M. A. When tissue antigens and antibodies get along：revisiting the technical aspects of immune histochemistry-the red，brown，and blue technique［J］. Veterinary Pathology. 2014，51：42-87.

［249］Ramsbottom J. M. ，Srandine E. J. ，Koonz C. H. Comparative tenderness of representative beef muscles［J］. Food Research. 1945，10：497.

［250］Renand G. ，Picard B. ，Touraille C. ，et al. Relationships between muscle characteristics and meat quality traits of young Charolais bulls［J］. Meat Science. 2001，59(1)：49-60.

［251］Resconi V C，Escudero A，Beltrán J A，Olleta J L，Sañudo C，Campo M. Color，lipid oxidation，sensory quality，and aroma compounds of beef steaks displayed under different levels of oxygen in a modified atmosphere package［J］. Journal of Food Science，2012，77(1)：S10-S18.

［252］Roldán M. ，Antequera T. ，Pérez-Palacios T. ，et al. Effect of added phosphate and type of cooking method on physico-chemical and sensory features of cooked lamb loins［J］. Meat Science. 2014，97(1)：69-75.

［253］Ronsein G. E. ，Pamir N. ，Haller P. D. ，et al. Parallel reaction monitoring (PRM) and selected reaction monitoring (SMR) exhibit comparable linearity，dynamic range and precision for targeted quantitative HDL proteomics［J］. Journal of Animal Science. 2015，82(11)：3254-3266.

［254］Rown L J，Maddock K R，Lonergan S M，et al. Oxidative environments decrease tenderization of beef steaks through inactivation of u-calpain［J］. Journal of Animal Science，2004，82(11)：3254-3266.

［255］Sawdy J. C. ，Kaiser S. A. ，St-Pierre N. R. ，et al. Myofibrillar 1-D fingerprints and myosin heavy chain MS analyses of beef loin at 36 h postmortem correlate with tenderness at 7days［J］. Meat Science. 2004，67(3)：421-426.

［256］Schiffmacher A. T. ，Xie V. ，Taneyhill A. L. Cadherin-6B proteolysis promotes the neural crest cell epithelialto-mesenchymal transition through transcriptional regulation［J］. Journal of Cell Biology. 2016，215：735-747.

［257］Scopes R. K. Isolation and properties of a basic protein from skeletal-muscle sarcoplasm［J］. Biochemical Journal. 1966，98(1)：193-197.

［258］Sekar A，Dushyanthan K，Radhakrishnan K T，Babu R N. Effect of modified atmosphere packaging on structural and physical changes in buffalo meat［J］. Meat Science，2006，72(2)：211-215.

［259］Sharma P. ，Bolten Z. T. ，Wagner D. R. ，et al. Deformability of human mesenchymal stem cells is dependent on vimentin intermediate filaments[J]. Annals of Biomedical Engineering. 2017, 45:1365-1374.

[260]Shi X. X., Yu Q. L., Han L., et al. Changes in meat quality characteristics and Calpains activities in Gannan Yak (*Bos grunniens*) meat during post mortem ageing[J]. Journal of Animal and Veterinary Advances. 2013, 12(3): 363-368.

[261]Shoulders M. D., Raines R. T. Collagen structure and stability[J]. Annual Review of Biochemistry. 2009, 78(3): 929-958.

[262]Stanton C., Light A. The effects of conditioning on meat collagen: part 3-evidence for proteolytic damage to insoluble perimysial collagen after conditioning[J]. Meat Science. 2005, 68(1): 135-142.

[263]Stennicke H. R., Salvesen G. S. Properties of the caspases[J]. Biochimica et Biophysica Acta (BBA) Protein Structure and Molecular Enzymology. 1998,1387(1-2): 17-31.

[264]Suman S. P., Hunt M. C., Nair M. N., et al. Improving beef color stability: practical strategies and underlying mechanisms[J]. Meat Science. 2014, 98(3): 490-504.

[265]Suman S. P., Joseph P. Myoglobin chemistry and meat color[J]. Annual Review of Food Science and Technology. 2013, 4(3): 79-99.

[266]Takahashi K., Hiwada K., Kokubu T. Vascular smooth muscle calponin: A novel troponin T-like protein [J]. Hypertension. 1988, 11 :620-626.

[267]Takahashi K., Nadel-Ginard B. Molecular cloning and sequence of smooth muscle calponin [J]. Journal of Biological Chemistry. 1991, 266 :13284-13289.

[268]Trinick J., Tskhovrebova L. Titin:a molecular control freak[J]. Trends in Cell Biology. 1999, 9(10):377-380.

[269]Underwood K R, Means W J, Du M. Caspase 3 is not likely involved in the postmortem tenderization of beef muscle[J]. Journal of Animal Science, 2008, 86(4): 960-966.

[270]Verin A. D., Bogatcheva N. V. Cytoskeletal proteins[J]. Encyclopedia of Respiratory Medicine. 2006, 37(5):615-622.

[271]Vitale M., Perez-Juan M., Lloret E., et al. Effect of aging time in vacuum on tenderness, and color and lipid stability of beef from mature cows during display in high oxygen [J]. Meat Science. 2014,96:270-277.

[272]Waldenstedt L. Nutritional factors of importance for optimal leg health in broilers[J]. Journal of Animal And Feed Sciences, 2006, 126: 291-307.

[273]Walsh M. P. Calmodulin and the regulation of smooth muscle contraction[J]. Molecular and Cellular Biochemistry. 1994,135(1):21-41.

[274]Wang K., Mcclure J., Tu A. Titin: Major myofibrillar proteis of striated muscle[J]. Proceedings of the National Academy of Sciences of the United States of America. 1979, 76:3698-3702.

[275]Warner R. D., Greenwood P. L., Pethick D. W., et al. Genetic and environmental effects on meat quality[J]. Meat Science. 2010, 86(1): 171-183.

[276]Warner R. D., Kauffman R. G., Greaser M. L. Muscle protein changes post mortem in relation to pork quality traits[J]. Meat Science. 1997, 45(3): 339-352.

[277]Wezemae L. V., Smet S. D., Ueland O., et al. Relationships between sensory evaluations of beef tenderness, shear force measurements and consumer characteristics[J]. Meat Science. 2014, 97(3): 310-315.

[278]White A., O'Sullivan A., Troy D. J., et al. Manipulation of the pre-rigor glycolytic behaviour of bovine M. longissimus dorsi in order to identify causes of inconsistencies in tenderness[J]. Meat Science. 2006, 73: 151-156.

[279]Wong J. W. H., Cagney G. An overview of label-free quantitation methods in proteomics by mass spectrometry[J]. Methods in Molecular Biology. 2010, 604:273-283.

[280]Wood J D, Enser M, . Fisher A V, et al. Fat deposition, fatty acid composition and meat quality: a review[J]. Meat Science, 78: 343-358.

[281]Wood J D. Production and processing practice to meet consumer needs[M]//BATTERHAM E. Manipulating pig production Ⅳ. Australia: Australasian Pig Science Association, 1993: 135-147.

[282]Wu Guoyao. Intestinal mucosal amino acid catabolism[J]. The Journal of Nutrition, 1998, 128(8): 1249-1252.

[283]Wu W., Yu Q. Q., Fu Y., et al. Towards muscle-specific meat color stability of Chinese Luxi yellow cattle: A proteomic insight into post-mortem storage[J]. Journal of Proteomics. 2016, 147:108-118.

[284]Wulf D. M. W. Measuring muscle color on beef carcasses using the lab color space[J]. Animal Science. 1997, 77(6): 2418-2427.

[285]Xia X. F., Kong B. H. Decreased gelling and emulsifying properties of myofibrillar protein from repeatedly frozen-thawed porcine longissimus muscle are due to protein denaturation and susceptibility to aggregation[J]. Meat Science. 2010, 85(3): 481-486.

[286]Yang X L, Zhang Y M, Zhu L X, Han M S, Gao S J, Luo X. Effect of packaging atmosphere on storage quality characteristics of heavily marbled beef longissimus steaks[J]. Meat Science, 2016,117(7): 50-56.

[287]Yang X Y, Niu L, Liang R, Zhang Y, Luo X. Shelf-life extension of chill-stored beef longissimus steaks packaged under modified atmospheres with 50% O_2 and 40% CO_2 [J]. Journal of FoodScience, 2016, 81(7): 1692-1698.

[288]Yang X. Y., Zhang Y. M., Zhu L. X., et al. Effect of packaging atmospheres on storage quality characteristics of heavily marbled beef longissimus steaks[J]. Meat Science. 2016, 117: 50-56.

[289]Yoshinaka R. , Sato K. , Itoh Y. , et al. Content and partial characterization of collagen in crustacean muscle[J]. Comparative Biochemistry and Physiology. 1989, 94(1): 219-223.

[290]Young O. A. , Braggins T. J. Tenderness of ovine semimembranosus: is collagen concentration of solubility the critical factor[J]. Meat Science. 1993, 35(2): 213-222.

[291]Yu Q. Q. , Wu W. , Tian X. J. , et al. Unraveling proteome changes of Holstein beef M. semitendinosus and its relationship to meat discoloration during post-mortem storage analyzed by lab-free mass spectrometry[J]. Journal of Proteomics. 2017, 154:85-93.

[292]Zakrys-Waliwander P I, O'Sullivan M G, O'Neill E E, Kerry J P. The effects of high oxygen modified atmosphere packaging on protein oxidation of bovine M. longissimus dorsi muscle during chilled storage[J]. Food Chemistry, 2012, 131(2): 527-532.

[293]Zapata I. , Zerby H. N. , Wick M. Functional proteomic analysis predicts beef tenderness and the tenderness differential[J]. Journal of agricultural and food chemistry. 2009, 57 (11): 4956-4963.

[294]Zhang L. , Sun B. Z. , Xie P. , et al. Using near infrared spectroscopy to predict the physical traits of *Bos grunniens* meat[J]. LWT-Food Science and Technology. 2015, 64: 602-608.

[295]Zheng Y. C. , Su Y. J. , Wen Y. L. , et al. Yak myoglobin. gene cloning and sequencing, purification, contents and their relation to activities of lactate dehydrogenase and malate dehydrogenase[J]. Acta Veterinariaet Zootechnica Sinica. 2007, 38(7): 646-650.

[296]Zhivotovsky B. , Samali A. , Gahm A. , et al. Caspases: their intracellular localization and translocation during apoptosis[J]. Cell Death and Differentiation. 1999, 6(7): 644-651.

[297]Zuo H. X. , Han L. , Yu Q. L. , et al. Protome changes on water-holding capacity of yak longissimus lumborum during postmortem aging[J]. Meat Science. 2016, 121:409-419.